亲子小蛋糕

杜林达 ◎ 主编

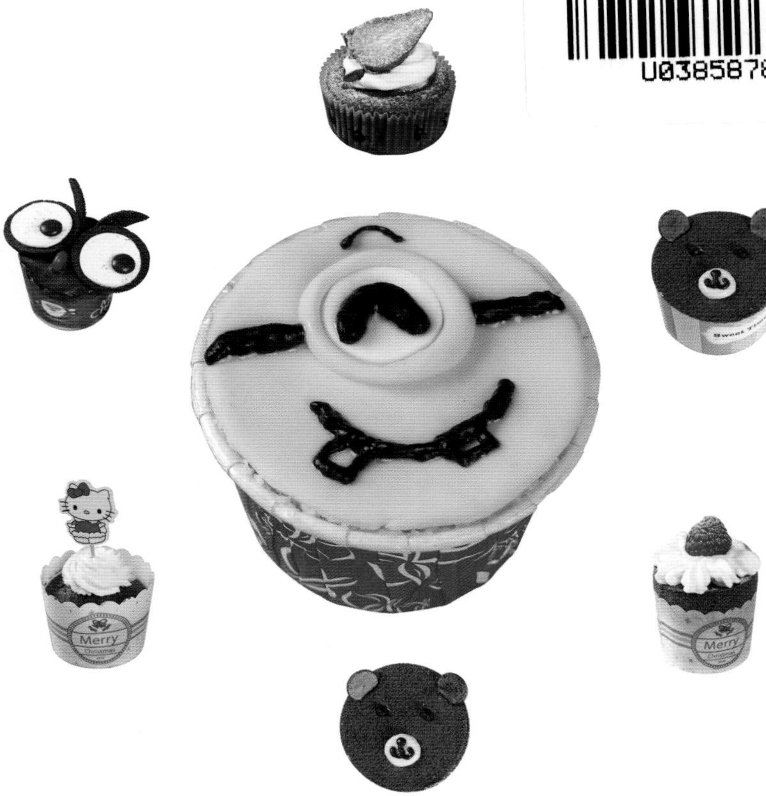

黑龙江科学技术出版社
HEILONGJIANG SCIENCE AND TECHNOLOGY PRESS

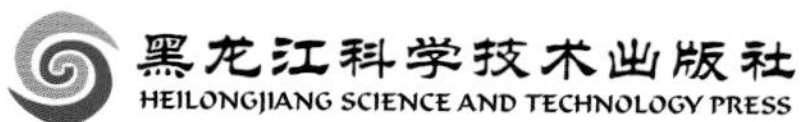

图书在版编目（CIP）数据

亲子小蛋糕 / 杜林达主编 . -- 哈尔滨 : 黑龙江科学技术出版社 , 2017 . 9

ISBN 978-7-5388-9230-7

Ⅰ . ①亲… Ⅱ . ①杜… Ⅲ . ①蛋糕 - 制作 Ⅳ . ① TS213.23

中国版本图书馆 CIP 数据核字 (2017) 第 087799 号

亲子小蛋糕

QINZI XIAO DANGAO

主　　编　杜林达
责任编辑　马远洋
摄影摄像　深圳市金版文化发展股份有限公司
策划编辑　深圳市金版文化发展股份有限公司
封面设计　深圳市金版文化发展股份有限公司
出　　版　黑龙江科学技术出版社
　　　　　地址：哈尔滨市南岗区公安街 70-2 号　邮编：150007
　　　　　电话：（0451）53642106　传真：（0451）53642143
　　　　　网址：www.lkcbs.cn www.lkpub.cn
发　　行　全国新华书店
印　　刷　深圳市雅佳图印刷有限公司
开　　本　723 mm × 1020 mm 1/16
印　　张　8
字　　数　17 千字
版　　次　2017 年 9 月第 1 版
印　　次　2017 年 9 月第 1 次印刷
书　　号　ISBN 978-7-5388-9230-7
定　　价　29.80 元

CONTENTS

Part 1

Part 2

杯子蛋糕

Part 3 慕斯蛋糕

Part 4

Part 5

花样可爱蛋糕

Sweet Time

Part 1 准备篇

想要在家里就能做出可爱的造型蛋糕吗？

跟我一起来看看要做什么准备吧！

里面还有名师小技巧哦，一起来学学～

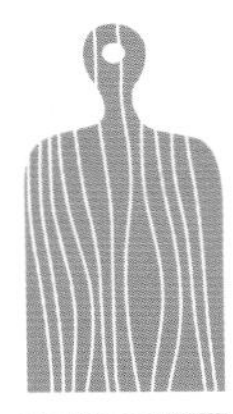

蛋糕制作必备材料

市场上的烘焙食材多种多样，想要做出美味又可爱的造型蛋糕，我们需要哪些食材呢？

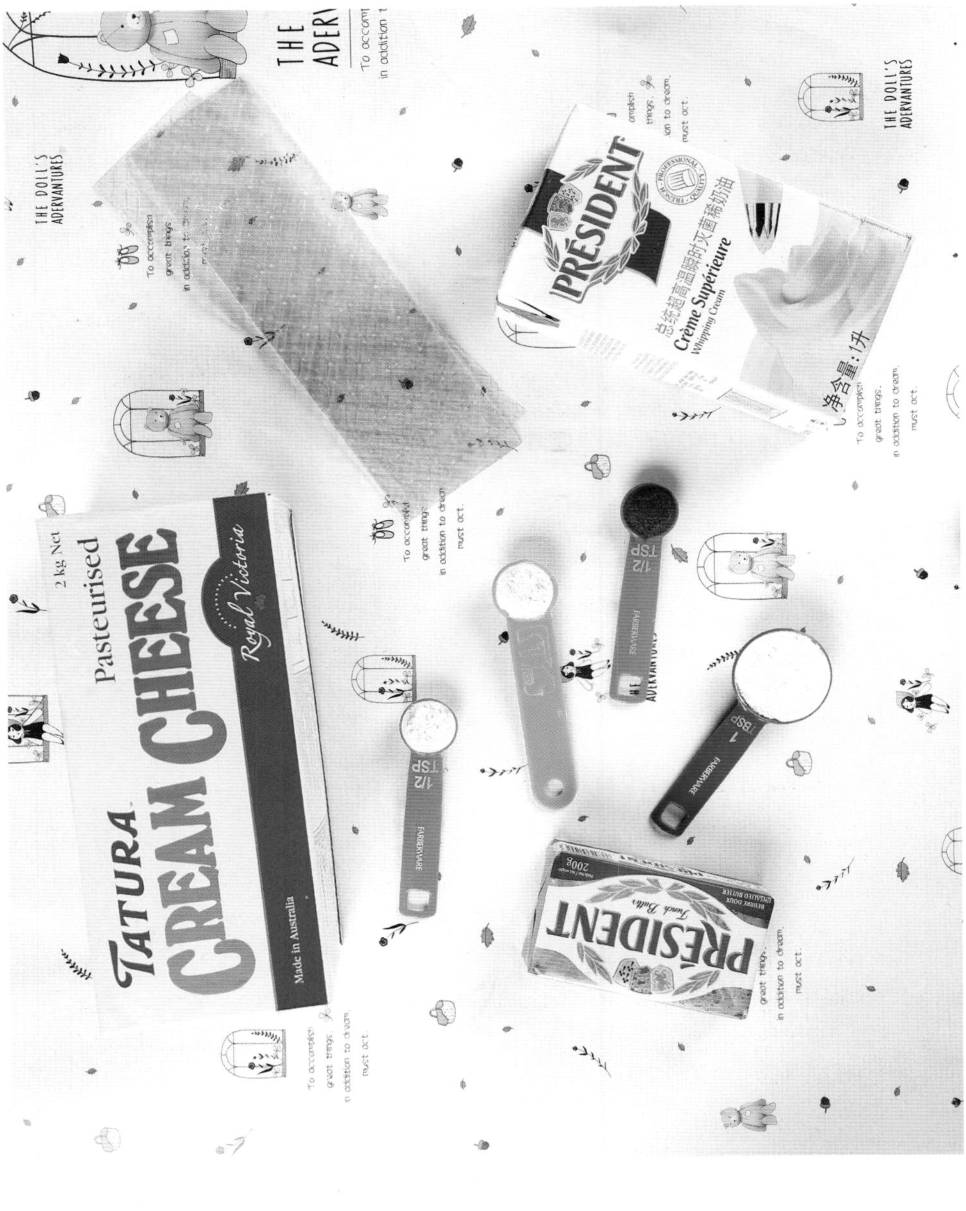

黄油

即从牛奶中提炼出来的油脂，可分为有盐黄油和无盐黄油。本书中制作的产品均采用无盐黄油。黄油通常需要冷藏储存，使用时要提前室温软化，若温度超过34℃，黄油会呈现为液态。

奶油奶酪

是牛奶浓缩、发酵而成的奶制品，具有高含量的蛋白质和钙，使人体更易吸收。奶油奶酪日常需要密封冷藏储存，通常显现为淡黄色，具有浓郁的奶香，是制作奶酪蛋糕的常用材料。

低筋面粉

颜色较白，用手抓易成团，不易松散，蛋白质含量为7.5%左右，吸水量为49%左右，适量添加在蛋糕的制作中可以使蛋糕的口感较松软。

吉利丁片

是从动物骨头中提取出来的胶质，通常呈黄褐色，透明状。在使用前需要用水泡软，通常用于制作慕斯蛋糕，拌匀到慕斯液的制作过程中，起到凝固作用。

淡奶油

即动物奶油，脂肪含量通常在30%~35%，可打发后作为蛋糕的奶油装饰，也可作为制作原料直接加入到蛋糕体制作中。淡奶油日常需要冷藏储存，使用时再从冰箱拿出，否则可能出现无法打发的情况。

无铝泡打粉

又称复合膨松剂、发泡粉和发酵粉，是由小苏打粉加上其他酸性材料制成的，能够通过化学反应使蛋糕快速变得蓬松、软化，增强蛋糕的口感。因所含化学物质较多，要避免长期食用。

粟粉

又称玉米淀粉，有白色和黄色两种，含有丰富的营养素，具有降血压、降血脂、抗动脉硬化、美容养颜等保健功能，也是适宜糖尿病病人食用的佳品。

可可粉

由可可豆加工处理而来，通常呈棕色或褐色粉末状，带有浓浓的香气。可作为巧克力蛋糕的制作原料，也可在蛋糕完成后将可可粉撒于表面，起到装饰作用。作为装饰的可可粉最好选用防潮可可粉。

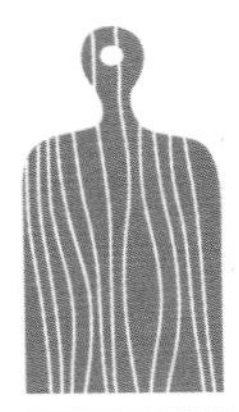

蛋糕制作常用小工具

想要在家里做出好吃的可爱造型蛋糕，需要准备哪些工具呢？以下介绍几款小工具，准备好这些工具，可以让蛋糕的制作更方便快捷呢！

手动打蛋器

适用于打发少量黄油，或者某些不需要打发，只需要把鸡蛋、糖、油混合搅拌的环节，使用手动打蛋器会更加方便快捷。

电动打蛋器

电动打蛋器更方便省力，全蛋的打发用手动打蛋器很困难，必须使用电动打蛋器。

慕斯圈

用于凝固慕斯或提拉米苏等需要冷藏的蛋糕的定型。用保鲜膜包裹住慕斯圈的底部，再放入烤好的蛋糕体和慕斯液，放入冰箱冷藏即可。

橡皮刮刀

扁平的软质刮刀，适合用于搅拌面糊。在蛋糕制作时粉类和液体类混合的过程中起重要作用，在搅拌的同时，它可以紧紧贴在碗壁上，把附着在碗壁上的蛋糕糊刮得干干净净。

一次性烘焙纸杯

可以放进烤箱烘烤,并且不需要脱模的烘焙纸杯。使用时将蛋糕面糊直接注入纸杯即可，烤好后可直接冷却、保存。制作者可选取自己喜爱或符合主题的纸杯样式，使烘焙产品更加可爱多样。

活底蛋糕模具

活底蛋糕模具在制作蛋糕时使用频率较高，喜欢蛋糕的制作者可以常备。“活底”更方便蛋糕烤好后的脱模步骤，保证蛋糕的完整，非常适合新手使用哦。

油布或油纸

烤盘需用油布或油纸垫上以防粘连。有时候在烤盘上涂油同样可以起到防粘的效果，但采取垫纸的方法可以免去清洗烤盘的麻烦。

裱花袋

可以用裱花袋挤出花色面糊，还可以用来做蛋糕表面的装饰。搭配不同的裱花嘴可以挤出不同的花型，可以根据需要购买。

玛德琳模具

制作玛德琳的专用模具，使用时在模具上涂抹少许黄油，将制作好的面糊倒入模具中，烘烤完毕即可得到贝壳般可爱的玛德琳蛋糕。

散热架

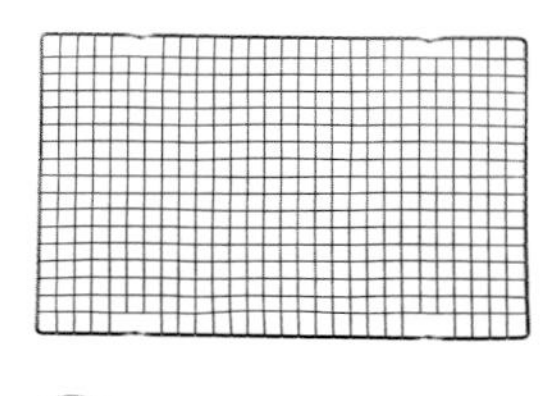

用于蛋糕出炉后的冷却、倒扣，网状结构有利于加速蛋糕散热，可有效避免蛋糕萎缩、塌陷。

各种刀具

抹刀用来抹奶油，细锯齿刀用来切蛋糕，小抹刀用来涂馅料和果酱……根据不同的需要，选用不同的刀具。

本书烘焙产品均采用 Midea(T3-321B) 烤箱烘烤，若所使用的烤箱无上、下火设置，建议采用温度平均值。

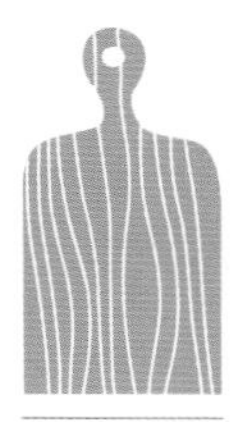

蛋糕制作超实用小技巧

蛋糕师傅的家传技巧，玩转你手中的可爱蛋糕！

海绵蛋糕：如何打发全蛋？

打发全蛋时，因为蛋黄含有脂肪，所以较难打发。在打发时，可借助隔水加热，将温度控制在38℃左右，若超过60℃，则可能将蛋液煮熟。加入砂糖后，最好用手动打蛋器立刻搅拌，随后用电动打蛋器快速搅拌至蛋液纹路明显、富有光泽即可。

搅拌手法：

在筛入粉类时，不可过快地搅拌面糊，要采用轻柔的手法，用塑料刮刀将面糊从下往上舀起，一直重复此动作，直至粉类物质完全融合，形成有光泽的蛋糕糊。此方法可减少对蛋糕糊气泡的破坏，使蛋糕口感更细腻。

出炉后的操作：如何使海绵蛋糕不塌陷？

海绵蛋糕出炉后出现塌陷状况是许多制作者都可能遇到的问题，采用以下两种方法，可以有效减少塌陷哦。其一，蛋糕出炉后要放到桌面震荡几下，震出蛋糕中的水汽；其二，将蛋糕倒扣在散热架上，利用地心引力减少蛋糕的塌陷，保持蛋糕表面平坦。

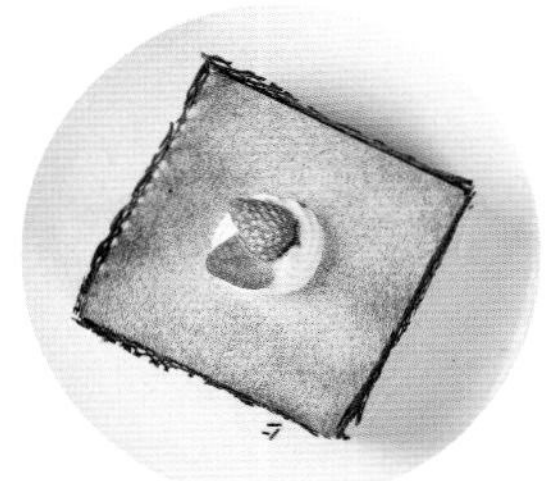

磅蛋糕：如何避免磅蛋糕水油分离？

水油分离是磅蛋糕制作过程中的常见问题，需要注意以下几点：首先，在加入鸡蛋时，不能一次性加入，要分次分量，以便更好地融合；其次，倒入粉类后不能过度搅拌。

如果还是不可避免地出现了水油分离，可再加入面粉总量的 1/2，继续搅拌，进行补救。

戚风蛋糕放凉后，吃起来为何有湿润的感觉？

戚风蛋糕的回潮现象通常来源于两个原因：其一是蛋糕面糊在制作完成后，没有及时烘烤，导致面糊已经消泡；其二是在烘烤过程中，温度不够或烘烤时间不足，导致蛋糕没有充分烤熟烤透。适当增加烘烤时长或将温度调高约 10℃即可。

制作蛋糕的植物油能否用其他油代替？

可用一般可食用的液态油代替，但为了保证蛋糕的口感和味道，应尽量选择气味较淡的油类，避免选择花生油、芝麻油等味道较重的油类，在蛋糕中添加适量的油脂可起到使蛋糕口感更松软的效果。

Part 2 杯子蛋糕

小巧的杯身，装载着甜蜜的蛋糕。

百变的造型，百变的味蕾享受。

可以随时分享的甜点，

唇齿间的留香，

传递着你我心中的幸福味道。

猫头鹰杯子蛋糕

蛋糕体材料

低筋面粉……105 克

泡打粉……3 克

无盐黄油……80 克

细砂糖……70 克

盐……2 克

鸡蛋……1 个

酸奶……85 克

装饰

黑巧克力……100 克

奥利奥饼干……6 块

M&M 巧克力豆……适量

上火 170℃、下火 170℃ 20 分钟 4 人份

1. 用手动打蛋器将无盐黄油打散。
2. 加入细砂糖和盐，用电动打蛋器搅打至微微发白。
3. 分三次加入蛋液，充分搅拌均匀。
4. 分两次倒入酸奶，拌匀。
5. 筛入低筋面粉及泡打粉，搅拌至无颗粒状，制成蛋糕面糊。
6. 装入裱花袋，拧紧裱花袋口。
7. 在裱花袋尖端处剪一小口，垂直以画圈的方式将蛋糕面糊挤入蛋糕纸杯至八分满。
8. 烤箱以上火 170℃、下火 170℃预热，蛋糕放入烤箱，烤约 20 分钟。
9. 取出待凉的蛋糕体，用橡皮刮刀在表面均匀抹上煮熔的黑巧克力酱。

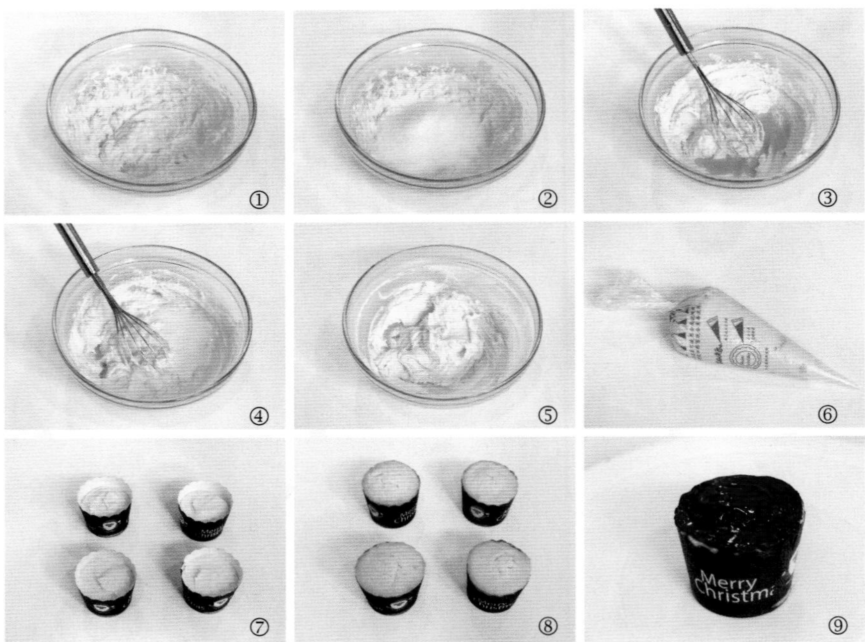

⑩ 将每片奥利奥饼干分开，取夹心完整的那一片作为猫头鹰的眼睛。

⑪ 用 M&M 巧克力豆作为猫头鹰的眼珠及鼻子。

⑫ 将剩余的奥利奥饼干从边缘切取适当大小，作为猫头鹰的眉毛即可。

TIPS

（1）装饰要趁表面巧克力未干时进行。

（2）猫头鹰的眉毛可以在饼干上涂上巧克力酱，再加以修饰，这样更加逼真生动哦。此步骤可以让小朋友自由发挥，动手又动脑哦。

奶油狮子造型蛋糕

蛋糕体材料

中筋面粉……120 克

泡打粉……3 克

豆浆……125 克

砂糖……70 克

盐……2 克

植物油……35 克

鸡蛋……1 个

装饰

淡奶油……150 克

砂糖……20 克

黄色色素……适量

黑色色素……适量

上火 170℃、下火 170℃ 20 分钟 5 人份

1. 将植物油与豆浆倒入搅拌盆，搅拌均匀。
2. 加入砂糖 70 克及盐，继续拌匀。
3. 筛入中筋面粉及泡打粉，搅拌均匀，从中间开始搅拌，再扩散至四周。
4. 打入一个鸡蛋，搅拌均匀，呈淡黄色面糊状。
5. 装入裱花袋中，拧紧裱花袋口。
6. 在裱花袋尖端处剪一小口，将面糊挤入蛋糕纸杯，从底部中间开始挤入。
7. 烤箱以上火 170℃、下火 170℃预热，蛋糕放入烤箱，烤约 20 分钟。
8. 淡奶油放入新的搅拌盆，加入砂糖 20 克，用电动打蛋器快速打发。
9. 将打发好的淡奶油分成三份，其中两份分别滴入适量黄色色素和黑色色素，继续搅拌至可呈鹰钩状。

⑩ 分别装入裱花袋中，待用。

⑪ 查看烤箱中的蛋糕，可用一支竹签插入蛋糕体中间，若拔出无黏着蛋糕糊，则已烤好。

⑫ 取出烤好、冷却的蛋糕体，将黄色奶油挤在蛋糕四周呈圈状，作为狮子的毛发。

⑬ 用白色奶油在中间挤上狮子鼻子两旁的装饰。

⑭ 最后用黑色奶油挤上眼睛和鼻子即可。

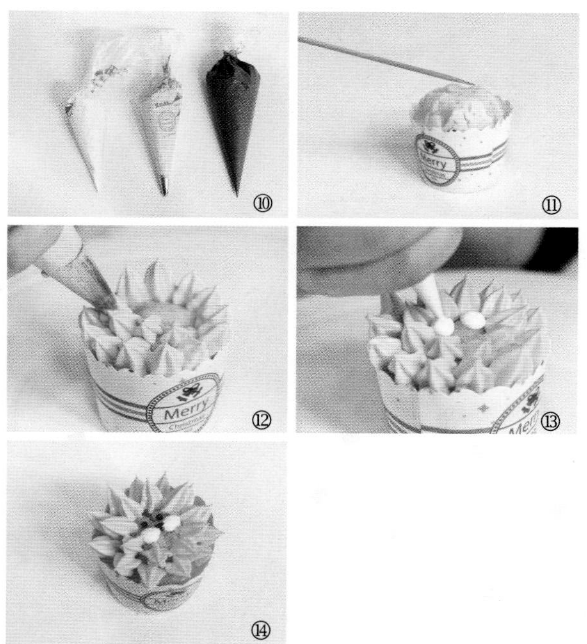

TIPS

狮子的颜色也可以根据自己的喜好用其他食材调出哦。可用南瓜或地瓜泥做出狮子的毛发，用巧克力挤出狮子的鼻子眼睛。挤的时候要注意力度均匀，补足留出来的细缝。

蓝莓果酱花篮

蛋糕体材料

鸡蛋……2 个	泡打粉……1 克	砂糖……50 克
鲜奶……25 克	盐……1 克	无盐黄油……80 克
香草精……2 滴	炼奶……10 克	糖浆……20 克
低筋面粉……50 克	蓝莓果酱……适量	

1. 将鸡蛋倒入搅拌盆中，用电动打蛋器搅拌均匀。
2. 加入砂糖及盐打发至蓬松状态，此过程需隔水加热。
3. 取出隔水加热锅，倒入无盐黄油 60 克、鲜奶、炼奶隔水加热，搅拌均匀。
4. 搅拌均匀以后倒入到步骤 2 的混合物中，继续搅打均匀至稠状。
5. 筛入低筋面粉及泡打粉，充分搅拌均匀至无颗粒状。
6. 蛋糕纸杯放入玛芬模具中。
7. 将拌好的蛋糕糊均匀倒入纸杯中，至八分满。
8. 烤箱以上火 170℃、下火 160℃预热，将玛芬模具放入烤箱中层，全程烤约 15 分钟，出炉后倒扣、冷却，防止塌陷。
9. 将无盐黄油 20 克及糖浆放入搅拌盆中，用电动打蛋器快速打发，装入裱花袋中。在蛋糕体的四周挤上奶油，在中间铺上适量蓝莓果酱即可。

可乐蛋糕

蛋糕体材料

可乐汽水……165 克

无盐黄油……60 克

高筋面粉……55 克

低筋面粉……55 克

泡打粉……2 克

可可粉……5 克

鸡蛋……1 个

香草精……2 滴

砂糖……65 克

盐……2 克

棉花糖……20 克

淡奶油……100 克

草莓……3 颗

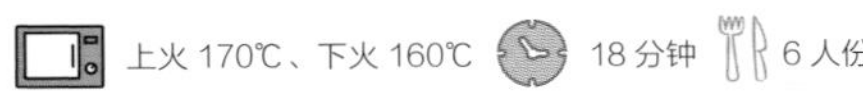

1. 无盐黄油放入不粘锅，慢火煮至溶解。
2. 倒入可乐搅拌均匀，盛起待凉。
3. 鸡蛋放入搅拌盆中。
4. 加入香草精、砂糖 35 克及盐，用手动打蛋器拌匀。
5. 倒入已待凉的黄油可乐。
6. 筛入高筋面粉、低筋面粉、泡打粉及可可粉，拌匀成面糊状。
7. 将面糊装入裱花袋中，拧紧裱花袋口。
8. 在玛芬模具中放入蛋糕纸杯。
9. 将蛋糕面糊垂直挤入纸杯中至七分满。

⑩ 在表面放上棉花糖。烤箱以上火170℃、下火160℃预热，蛋糕放入烤箱中层，全程烤约18分钟，蛋糕出炉后需放凉再进行装饰。

⑪ 淡奶油加砂糖30克用电动打蛋器快速打发，装入裱花袋，在蛋糕体表面挤上奶油。

⑫ 放上切半的草莓，撒上糖粉装饰即可。

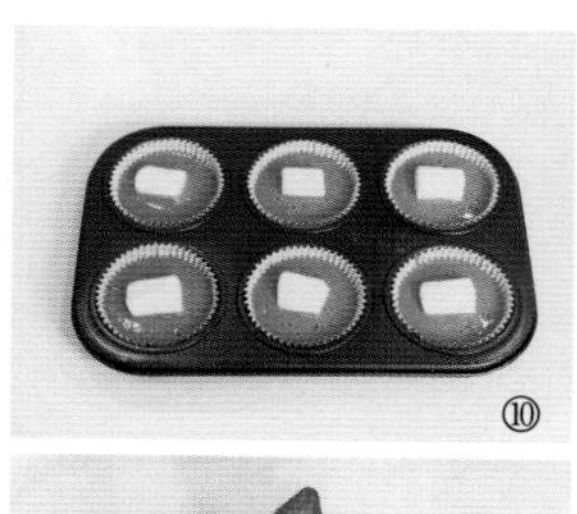

⑩

⑪

⑫

TIPS

（1）鸡蛋与砂糖打发到发泡，加入液体后搅拌两三下即可，无需搅拌过久。
（2）蛋糕糊倒至纸杯七分满即可，上面要留出放棉花糖及烤好后装饰奶油和鲜果的空间。

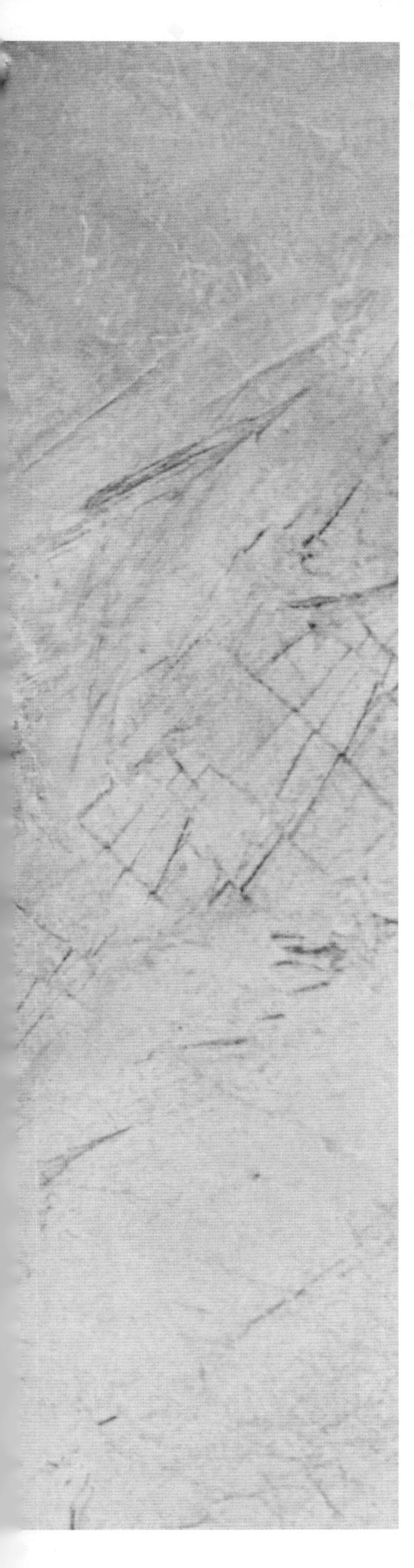

朗姆酒树莓蛋糕

蛋糕体材料

无盐黄油……90 克

砂糖……105 克

盐……2 克

64% 黑巧克力……35 克

鸡蛋……80 克

低筋面粉……140 克

泡打粉……2 克

可可粉……10 克

朗姆酒……60 克

装饰材料

新鲜树莓……6 个

淡奶油……200 克

黄色色素……适量

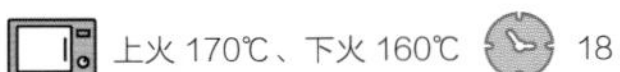

1. 无盐黄油倒入搅拌盆中。
2. 加入砂糖及盐，用手动打蛋器搅打均匀。
3. 黑巧克力隔水熔化后，倒入到搅拌盆中，快速搅打均匀。
4. 分两次加入鸡蛋，打至软滑。
5. 再筛入低筋面粉、泡打粉及可可粉，搅拌至无颗粒状。
6. 加入朗姆酒，用橡皮刮刀拌匀至充分融合。
7. 将蛋糕糊装入裱花袋，拧紧裱花袋口。
8. 烤盘中放上杯子蛋糕纸杯，将蛋糕糊挤入纸杯中至七分满。烤箱温度以上火 170℃、下火 160℃预热，蛋糕放入烤箱中层，全程烤约 18 分钟。
9. 淡奶油用电动打蛋器快速打发，至可提起鹰钩状即可。

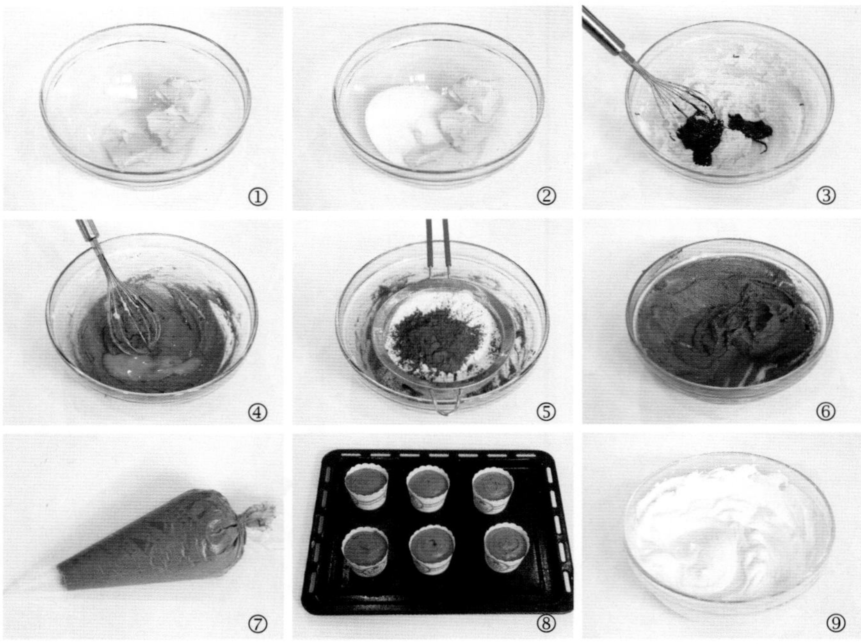

⑩ 取一小部分已打发的奶油，加入几滴黄色色素，搅拌均匀。

⑪ 将已打发好的奶油分别装入裱花袋中，挤在已经放凉的蛋糕表面，先用白色奶油挤出花瓣形状，再用黄色奶油点缀出花芯。

⑫ 最后再加上树莓装饰即可。

TIPS

（1）加入的鸡蛋不可使用冷藏的鸡蛋，不然可能造成蛋和油无法融合，影响蛋糕口感。

（2）蛋糕糊挤入蛋糕纸杯时不可过满，因为蛋糕在烘烤过程中会膨胀变大。

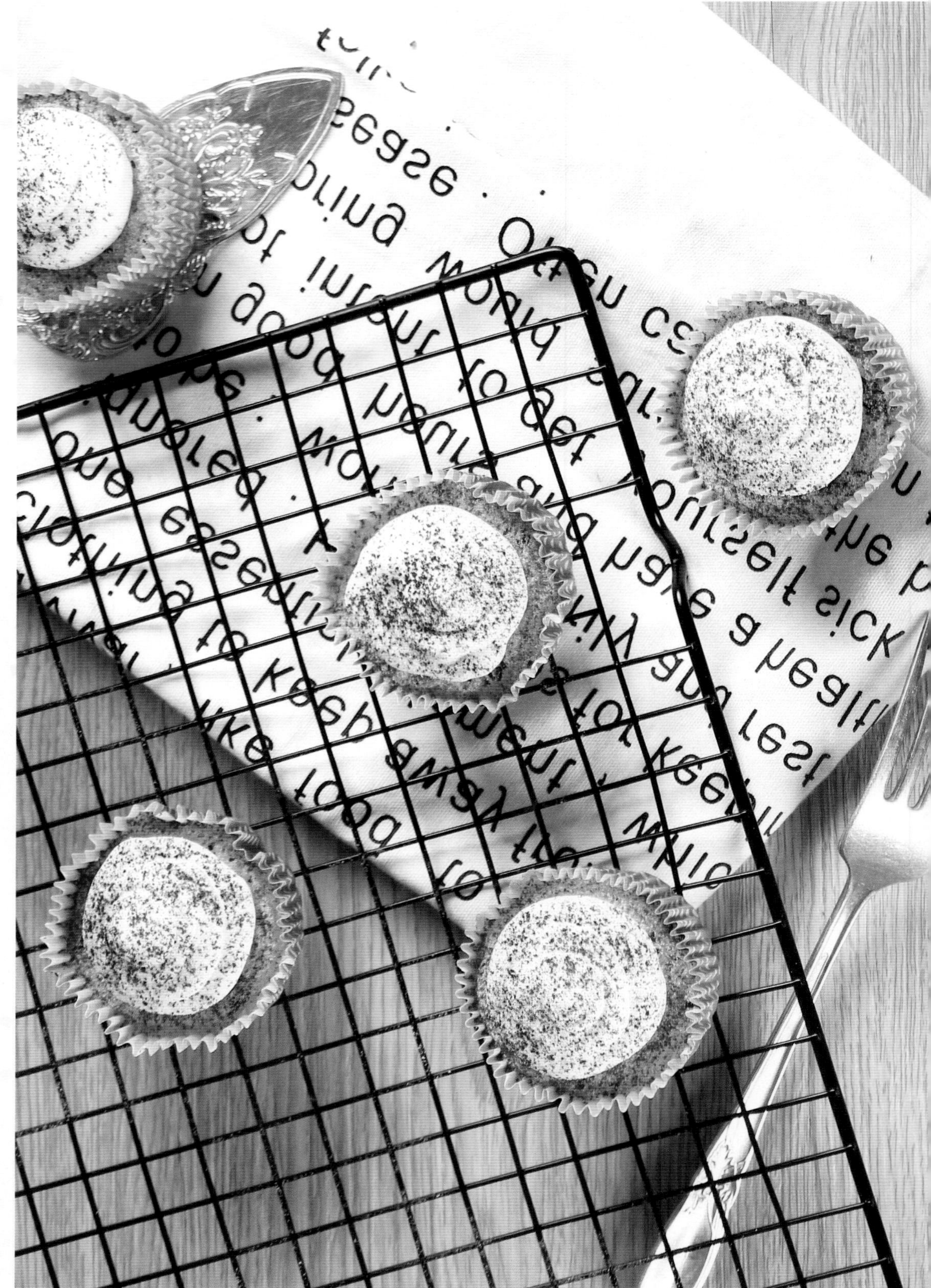

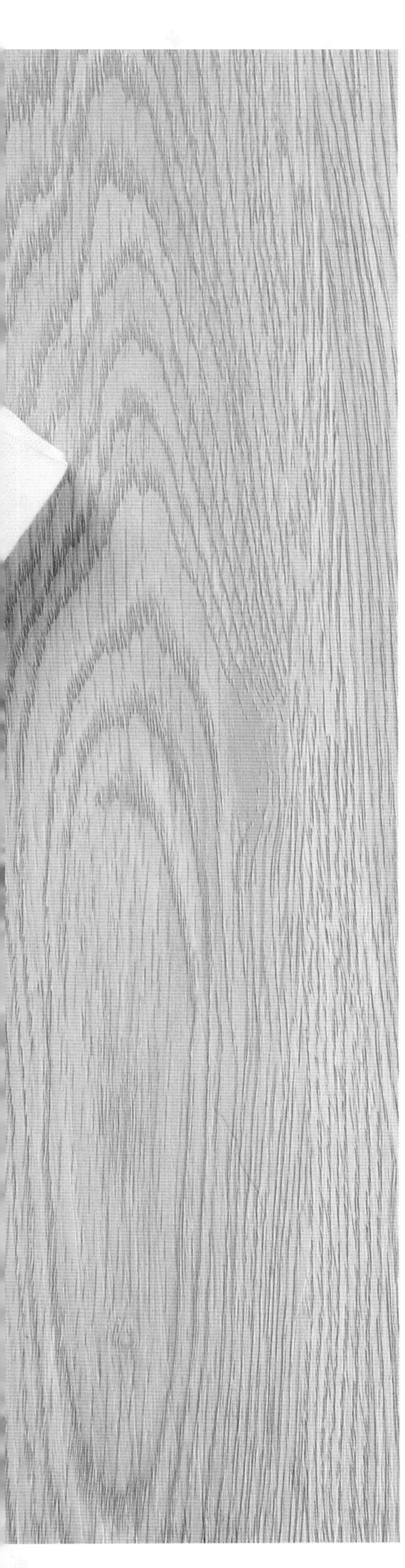

红茶蛋糕

蛋糕体材料

鸡蛋……1 个

清水……12 克

砂糖……30 克

盐……2 克

低筋面粉……35 克

泡打粉……1 克

红茶叶碎……1 小包

无盐黄油（热熔）……12 克

炼奶……6 克

装饰材料

淡奶油……80 克

朗姆酒……2 克

可可粉……少许

上火 170℃，下火 160℃　17 分钟　6 人份

1. 鸡蛋、砂糖及盐用电动打蛋器慢速拌匀。
2. 加入清水，继续搅拌。
3. 加入低筋面粉及泡打粉拌匀，用橡皮刮刀清理盆边材料后快速搅拌至稠状。
4. 再分别加入炼奶及热熔无盐黄油，用橡皮刮刀拌匀。
5. 在玛芬模具上先放上纸杯。
6. 将蛋糕面糊装入裱花袋，挤入纸杯中，至八分满。
7. 撒上红茶叶碎。
8. 烤箱以上火 170℃、下火 160℃预热，蛋糕放入烤箱中层，全程烤约 17 分钟。出炉后需待其冷却，才可进一步装饰。
9. 淡奶油用电动打蛋器快速打发至可提起鹰钩状。

⑩ 在已打发的淡奶油中加入朗姆酒，拌匀后，装入裱花袋。

⑪ 在裱花袋尖端剪一小口，将拌匀的淡奶油以螺旋状挤于蛋糕表面。

⑫ 撒上可可粉装饰即可。

TIPS

（1）步骤③加入粉类时不可搅拌太久，过度搅拌会影响到蛋糕体口感哦。

（2）如果希望茶香浓厚一些，可以将清水换成热水，冲泡红茶，将茶渣滤出即可。

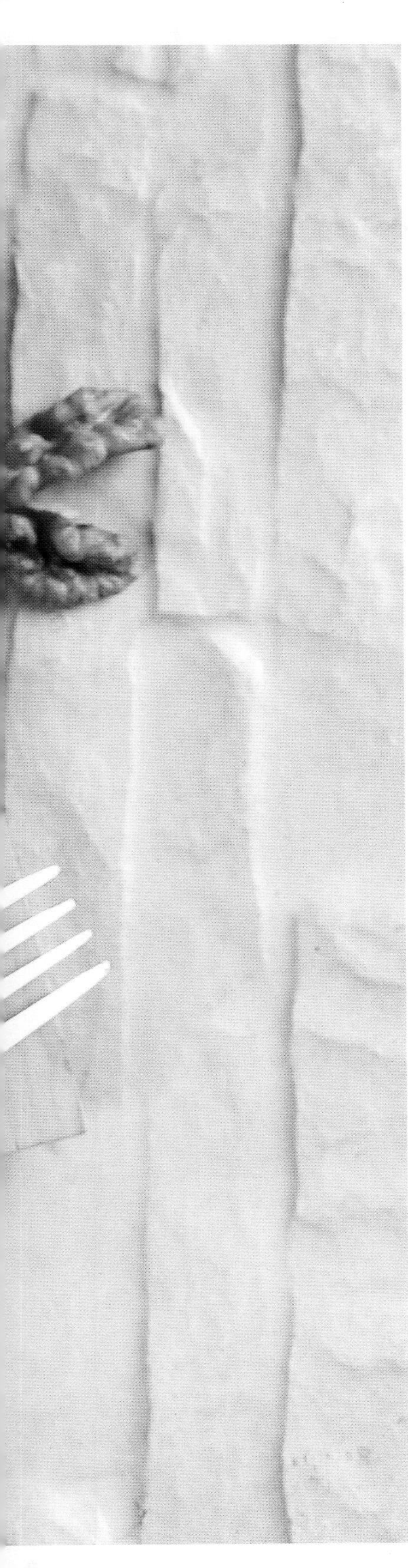

焗花生牛油蛋糕

蛋糕体材料

砂糖……85 克

盐……2 克

低筋面粉……100 克

花生酱……50 克

泡打粉……2 克

可可粉……6 克

鲜奶……45 克

鸡蛋……1 个

无盐黄油（热熔）……35 克

装饰材料

蛋黄……1 个

砂糖……5 克

芝士粉……5 克

鲜奶……20 克

淡奶油……40 克

坚果……适量

上火 170℃、下火 160℃ 16 分钟 6 人份

1. 砂糖、鸡蛋及盐放入搅拌盆，用手动打蛋器搅拌均匀，不易滴落即可。
2. 鲜奶、无盐黄油及花生酱混合煮熔拌匀，此过程需隔水加热。
3. 熔化后加入到步骤 1 的混合物中，搅拌均匀。
4. 低筋面粉、泡打粉及可可粉混合均匀。
5. 筛入到步骤 3 的混合物中，搅拌均匀。
6. 将搅拌好的面糊装入裱花袋中。
7. 从中间开始挤入到杯子蛋糕纸杯中。
8. 烤箱以上火 170℃、下火 160℃预热，蛋糕放入烤箱中层，全程烤约 16 分钟，出炉后需待其冷却才可做进一步装饰。
9. 鲜奶倒入锅中煮开。

⑩ 将煮开的鲜奶边搅拌边倒入打散的蛋黄液中，制成蛋黄浆。
⑪ 淡奶油加砂糖用电动打蛋器快速打发至呈鹰钩状。
⑫ 将芝士粉倒入蛋黄浆中搅拌均匀。
⑬ 拌匀的蛋黄浆分两次倒入已打发的淡奶油中，搅拌均匀。
⑭ 装入裱花袋，以螺旋状挤在已烤好的蛋糕体表面。
⑮ 再用坚果加以装饰即可。

TIPS

（1）若鲜奶、无盐黄油、花生酱的温度与室温一致，可无需隔水加热，搅拌均匀倒入即可。
（2）面粉过筛后再搅拌均匀，可以将面粉中的块状颗粒筛成细粉，使蛋糕口感更细腻。

摩卡玛芬

蛋糕体材料

无盐黄油……100 克
即溶咖啡细粉……1 小勺
砂糖……100 克
盐……1 克
鸡蛋……1 个
低筋面粉……170 克
泡打粉……1 小勺
酸奶……80 克
入炉巧克力……适量

上火 160℃、下火 160℃ 18 分钟 6 人份

1. 无盐黄油用电动打蛋器低速打散。
2. 加入即溶咖啡细粉、砂糖和盐，用电动打蛋器搅拌均匀。
3. 放入鸡蛋，用手动打蛋器打发至面糊变成乳化奶油状态即可。
4. 倒入酸奶，用手动打蛋器搅拌均匀。
5. 倒入过筛的低筋面粉和泡打粉，用橡皮刮刀从下往上搅拌，至面糊混合均匀。
6. 把面糊装入裱花袋，挤入杯子蛋糕纸杯中，至八分满，放上入炉巧克力即可。
7. 烤箱以上火 160℃、下火 160℃预热，蛋糕放入烤箱中层，烤约 18 分钟，取出后放到散热架上待其冷却即可。

提子松饼蛋糕

蛋糕体材料

鸡蛋……3 个
砂糖……135 克
盐……3 克
鲜奶……110 克
无盐黄油……150 克
高筋面粉……55 克
低筋面粉……145 克
泡打粉……3 克
提子干……120 克

装饰材料

淡奶油……100 克
提子干……适量

做法

1. 将鸡蛋打入搅拌盆，加入砂糖，用电动打蛋器搅打均匀。
2. 加入盐、鲜奶及无盐黄油用电动打蛋器慢速拌匀，转用快速拌至软滑。
3. 再加入提子干拌匀。
4. 筛入高筋面粉、低筋面粉及泡打粉，搅拌均匀，制成蛋糕糊。
5. 将蛋糕糊装入裱花袋。
6. 从中间挤入到蛋糕纸杯中。
7. 烤箱以上火 170℃、下火 160℃预热，蛋糕放入烤箱中层，全程烤约 20 分钟。
8. 出炉后待其冷却，在表面挤上已打发的淡奶油，用提子干装饰即可。

奶油乳酪玛芬

蛋糕体材料

奶油奶酪……100 克
无盐黄油……50 克
砂糖……70 克
鸡蛋……2 个
低筋面粉……120 克
泡打粉……2 克
柠檬汁……适量
杏仁片……适量

做法

上火 160℃、下火 160℃　16 分钟　6 人份

1. 奶油奶酪和无盐黄油放入搅拌盆，用电动打蛋器打发至绵密状。
2. 砂糖分两次倒入，用电动打蛋器慢速打发。
3. 分两次加入鸡蛋，每次加入一个，用电动打蛋器搅拌均匀。
4. 倒入柠檬汁，慢慢搅拌均匀，注意不要过度搅拌，会影响玛芬口感。
5. 筛入低筋面粉和泡打粉。
6. 用橡皮刮刀搅拌均匀，制成蛋糕糊。
7. 将蛋糕糊装入裱花袋，垂直挤入蛋糕纸杯中，至八分满。
8. 在表面均匀撒上杏仁片。
9. 烤箱以上火 160℃、下火 160℃预热，蛋糕放入烤箱，烤约 16 分钟（可用牙签戳入蛋糕中间，拔出后牙签表面没有糊状颗粒即可），取出后放于散热架待其冷却即可。

guards
to stop arme
The list
However,the
safety and
sales
even

巧克力咖啡蛋糕

蛋糕体材料

即溶咖啡粉……3 克
可可粉……4 克
鲜奶……20 克
热水……20 克
蛋黄……40 克
砂糖……45 克
植物油……22 克
咖啡酒……10 克
低筋面粉……55 克
蛋白……80 克
粟粉……5 克
盐……2 克

装饰材料

即溶咖啡粉……2 克
鲜奶……5 克
淡奶油……100 克

上火 180℃、下火 150℃  18 分钟 6 人份

1. 鲜奶 5 克和即溶咖啡粉拌匀。
2. 淡奶油放入搅拌盆用电动打蛋器快速打发至可提起鹰钩状。
3. 将步骤 1 中混合物倒入已打发的淡奶油。
4. 搅拌均匀后，装入裱花袋中，放入冰箱冷藏。
5. 即溶咖啡粉、可可粉、鲜奶、咖啡酒及热水拌匀。
6. 蛋黄倒入搅拌盆，加盐及砂糖 20 克，搅拌均匀，用电动打蛋器搅拌均匀。
7. 将步骤 5 中的混合物倒入，搅拌均匀。
8. 加入植物油，搅拌均匀。
9. 筛入低筋面粉及粟粉，用手动打蛋器搅拌均匀，呈面糊状。

⑩ 将蛋白放入新的搅拌盆中，加入砂糖 25 克，用电动打蛋器快速打发成蛋白霜。

⑪ 将打发好的蛋白霜分两次加入到面糊中，搅拌均匀，装入裱花袋。

⑫ 将蛋糕纸杯放入玛芬模具中。

⑬ 将蛋糕面糊垂直挤入纸杯中至七分满。

⑭ 烤箱上火 180℃、下火 150℃预热，蛋糕放入烤箱中层，全程烤约 18 分钟。

⑮ 出炉后待其冷却，在中间挤上咖啡奶油装饰即可。

TIPS

加入粉类时不可搅拌太久，过度搅拌会导致蛋糕体口感变差哦。

奥利奥奶酪小蛋糕

蛋糕体材料

奶油奶酪……250 克

淡奶油……150 克

蛋黄……50 克

蛋白……50 克

香草精……2 克

细砂糖……60 克

奥利奥饼干碎……适量

做法

 上火 170℃、下火 160℃  16 分钟 8 人份

1. 奶油奶酪倒入搅拌盆中，用电动打蛋器打散。
2. 倒入淡奶油及细砂糖 30 克，搅拌均匀。
3. 倒入蛋黄，用电动打蛋器搅打均匀。
4. 加入香草精，继续搅拌，制成淡黄色霜状混合物。
5. 取另一新的搅拌盆，倒入蛋白。
6. 加入细砂糖 30 克，用电动打蛋器快速打发至可提起鹰钩状，制成蛋白霜。
7. 将蛋白霜分两次加入到步骤 4 的搅拌盆中，搅拌均匀，制成蛋糕糊。
8. 将蛋糕糊用橡皮刮刀装入裱花袋中。
9. 垂直从中间挤入蛋糕纸杯中至七分满即可。

⑩ 在蛋糕表面撒上少许奥利奥饼干碎。

⑪ 在烤盘中倒入适量清水。

⑫ 烤箱以上火 170℃、下火 160℃蛋糕放在散热架上，放入烤盘中，烤约 16 分钟即可。

TIPS

在烤盘中倒入清水，在烘烤过程中可增加水汽，达到使蛋糕不会开裂的效果。如果家中没有散热架，可以用锡纸包住杯子底部，防止杯子碰到水。

Merry
Christmas
2016

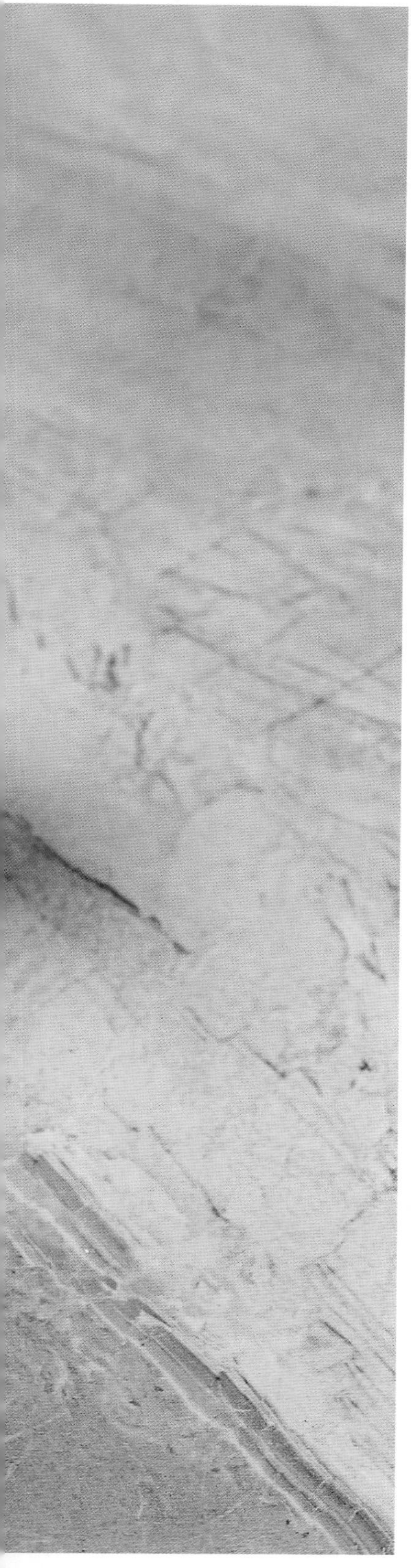

红丝绒纸杯蛋糕

蛋糕体材料

低筋面粉……100 克

糖粉……65 克

无盐黄油……45 克

鸡蛋……1 个

鲜奶……90 克

可可粉……7 克

柠檬汁……8 克

盐……2 克

小苏打……2.5 克

红丝绒色素……5 克

装饰材料

淡奶油……100 克

糖粉……8 克

Hello Kitty 小旗……若干

1. 无盐黄油与糖粉 65 克倒入搅拌盆中，搅拌均匀。
2. 加入鸡蛋，用手动打蛋器搅拌至完全融合。
3. 加入红丝绒色素，搅拌均匀，呈深红色。
4. 倒入鲜奶，搅拌均匀。
5. 倒入柠檬汁，继续搅拌。
6. 筛入低筋面粉、可可粉、盐及小苏打，搅拌均匀，制成红丝绒蛋糕糊。
7. 将面糊装入裱花袋，拧紧裱花袋口。
8. 从中间垂直挤入蛋糕纸杯至七分满。
9. 烤箱以上火 175℃、下火 175℃预热，将蛋糕放入烤箱，烤约 20 分钟。

⑩ 淡奶油加糖粉 8 克用电动打蛋器快速打发至可提起鹰钩状。

⑪ 将打发好的淡奶油装入裱花袋中，以螺旋状挤在蛋糕表面。

⑫ 插上 Hello Kitty 的小旗即可。

TIPS

（1）若家中没有红丝绒色素，也可用红曲粉代替，同样可取得上色效果哦。

（2）红丝绒色素可以先加入鲜奶中拌匀，再倒入柠檬汁拌匀，可以减少搅拌的工序与步骤。

小黄人杯子蛋糕

蛋糕体材料

鸡蛋……1 个

砂糖……65 克

植物油……50 克

鲜奶……40 克

低筋面粉……80 克

盐……1 克

泡打粉……1 克

装饰材料

巧克力……适量

翻糖膏……适量

黄色色素……适量

上火 170℃、下火 170℃ 20 分钟 4 人份

1. 鸡蛋搅拌成蛋液，蛋液与砂糖倒入搅拌盆，搅拌均匀。
2. 加入盐，搅拌均匀。
3. 加入鲜奶及植物油，继续搅拌。
4. 筛入低筋面粉及泡打粉，搅拌均匀，制成淡黄色蛋糕糊。
5. 将蛋糕糊装入裱花袋，垂直从蛋糕纸杯中间挤入，至八分满即可。
6. 烤箱以上火 170℃、下火 170℃预热，将蛋糕放入烤箱，烤约 20 分钟。
7. 待蛋糕体冷却后，沿杯口切去高于纸杯的蛋糕体。
8. 取适量翻糖膏，加入几滴黄色色素。
9. 揉搓均匀，使翻糖膏呈鲜亮的黄色。

⑩ 用擀面杖将黄色翻糖膏擀平，用一个新的蛋糕纸杯在翻糖膏上印出圆形。

⑪ 用剪刀将圆形剪下，放在蛋糕体上面作为小黄人的皮肤。

⑫ 取一块新的翻糖膏，用裱花嘴圆形的一端印出小的圆形，作为小黄人的眼白。

⑬ 用一个大的裱花嘴在原来黄色翻糖上印出眼睛的外圈。

⑭ 将白色翻糖膏套入黄色圈圈中，作为小黄人的眼睛。

⑮ 用巧克力画出小黄人的眼珠、嘴巴和眼镜框即可。

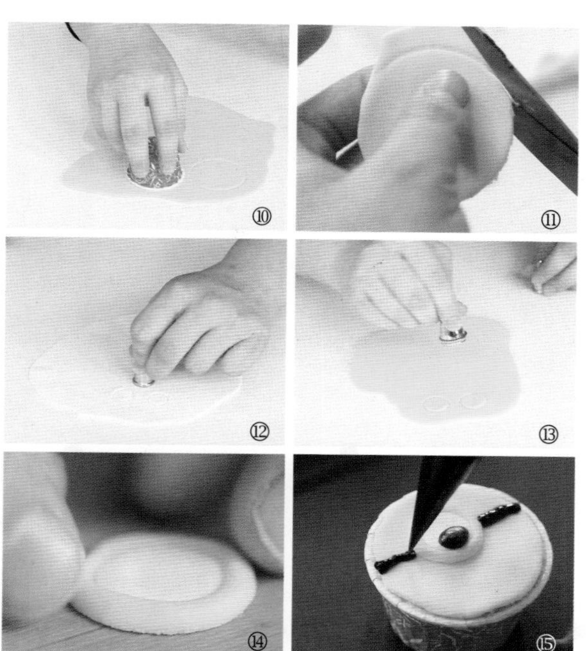

TIPS

小黄人的眼镜和嘴巴也可用翻糖膏加入黑色色素揉搓均匀，再剪出相应形状即可。

much like
Sweet Time

Part 3 慕斯蛋糕

清新的慕斯，

遇上浓香的蛋糕体，

巧克力、玫瑰花、香橙、小熊……

沁人心脾的口感中夹杂着蛋糕的颗粒，

可爱的造型让你爱不释手。

ne
althy
man can ever have

香浓巧克力慕斯

蛋糕体材料

无盐黄油（热熔）……30 克
鲜奶……20 克
鸡蛋……4 个
砂糖……112 克
低筋面粉……125 克

慕斯液

砂糖……12 克
黑巧克力……80 克
水……12 克
淡奶油……220 克
蛋黄……2 个
吉利丁片（用清水泡软）……10 克

 上火 160℃、下火 150℃  烘烤 21 分钟，冷藏 4 个小时或以上 5 人份

1. 将无盐黄油及鲜奶放入隔水加热锅中隔水熔化，拌匀。
2. 鸡蛋放入搅拌盆中，加入砂糖 112 克，用电动打蛋器快速打发。此过程需隔水加热。
3. 边搅拌边倒入熔化好的黄油鲜奶混合物，搅拌均匀。
4. 倒入已过筛的低筋面粉，充分搅拌均匀至无粉末状，制成蛋糕糊。
5. 倒入 15 厘米 ×15 厘米活底方形蛋糕模中，在桌上震动几下，震出里面的空气。烤箱以上火 160℃、下火 150℃预热，蛋糕烤约 21 分钟即可。
6. 取出烤好的蛋糕体，脱模，放在散热架上待其冷却。用锯齿刀从中间将蛋糕体分成两份。
7. 黑巧克力隔水熔化，制成巧克力酱。
8. 砂糖 12 克与水倒入盆中煮溶，制成糖水。
9. 蛋黄打匀，倒入糖水，搅拌均匀。

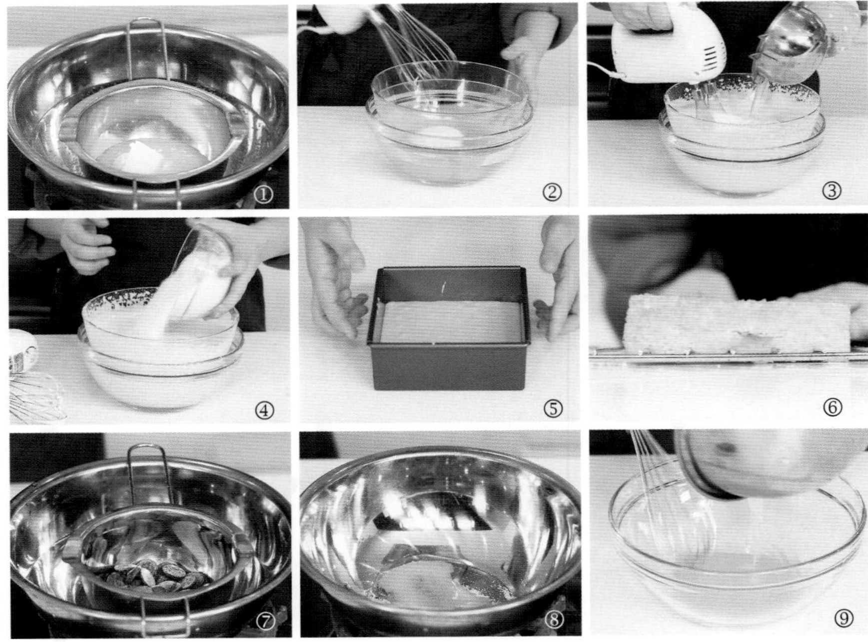

⑩ 倒入黑巧克力酱，搅拌均匀。

⑪ 加入用水泡软的吉利丁片，搅拌均匀。

⑫ 淡奶油用电动打蛋器快速打发，分三次加入到步骤⑪的混合物中，搅拌均匀，制成慕斯液。

⑬ 15 厘米 ×15 厘米方形慕斯模具底部包裹上保鲜膜。倒入一层慕斯液，放一层蛋糕体。

⑭ 铺平后再倒一层慕斯糊，再铺上一层蛋糕体即可。放入冰箱冷藏凝固。

⑮ 凝固后从冰箱取出，撕下保鲜膜，用喷火枪在慕斯模具四周加热（也可用热毛巾敷在模具周围），脱模。加以巧克力和鲜果装饰即可。

TIPS

（1）吉利丁片在加入搅拌前一定要先挤干水分。

（2）做巧克力装饰时，可先用熔化的巧克力酱在油纸上画好想要的图案，放入冰箱冷冻定型，取出后直接装饰。

玫瑰花茶慕斯

原味海绵蛋糕

鸡蛋……2 个

砂糖……35 克

盐……1 克

香草精……2 滴

低筋面粉……40 克

炼奶……8 克

无盐黄油……15 克

玫瑰慕斯

干玫瑰花……适量

鲜奶……90 克

砂糖……8 克

吉利丁片……5 克

粉红色食用色素……2 滴

淡奶油……300 克

上火 160℃、下火 160℃ 烘烤 20 分钟，冷藏 4 小时或以上 5 人份

1. 吉利丁片放入水中泡软，放进冰箱冷藏，备用。
2. 淡奶油倒入搅拌盆中打发，冷藏备用。
3. 鸡蛋、砂糖 35 克及盐放入搅拌盆，用电动打蛋器搅打均匀，呈发白状态，此过程需隔水加热，温度不要超过 60℃。
4. 无盐黄油隔水加热煮熔，倒入炼奶中，搅拌均匀。
5. 搅拌均匀后，倒入步骤 3 的搅拌盆中，拌至完全融合。
6. 筛入低筋面粉，倒入香草精，搅拌至无颗粒蛋糕糊状。
7. 在烤盘中铺一张白纸，放上方形慕斯模具，将蛋糕糊倒入模具中，抹平。
8. 烤箱以上火 160℃、下火 160℃预热，蛋糕放入烤箱中层，烤约 20 分钟。
9. 干玫瑰花、鲜奶及砂糖 8 克煮沸，加盖焖 5 分钟，捞起玫瑰花。

⑩ 取出冷藏的吉利丁片，挤干水分，倒入鲜奶，搅拌至充分溶化。

⑪ 滴入两滴粉红色色素，搅拌均匀。

⑫ 倒入已打发的淡奶油中，搅拌均匀（淡奶油可留部分做装饰），制成玫瑰慕斯液。

⑬ 烤好的蛋糕取出，待其冷却，脱模。

⑭ 将玫瑰慕斯液加入模具中（模具底部需用保鲜膜包裹），抹平。放上海绵蛋糕。

⑮ 放入冰箱冷藏 4 小时或以上，至凝固，脱模，切成长方形块状，挤上已打发的淡奶油，用干玫瑰花加以装饰即可。

TIPS

（1）玫瑰花与鲜奶共煮并加盖焖是为了释放出干玫瑰花的香气，使蛋糕体具有玫瑰花茶的清香。

（2）脱模时要轻轻将模具提起，以防破坏蛋糕边缘。

香橙慕斯

蛋糕体材料

无盐黄油……30 克

鲜奶……20 克

鸡蛋……4 个

砂糖……112 克

低筋面粉……125 克

慕斯

橙汁……100 克

砂糖……50 克

水……15 克

蛋黄……2 个

吉利丁片……15 克

君度酒……10 克

淡奶油……220 克

鲜果……适量

❶ 蛋糕体制作方法参考巧克力慕斯。

❷ 待蛋糕体冷却后，从中间平均切成两份。

❸ 淡奶油用电动打蛋器快速打发，放入冰箱冷藏。

❹ 吉利丁片用清水泡软。

❺ 砂糖 50 克与水煮溶制成糖水。

❻ 蛋黄打散，倒入糖水，搅拌均匀。

❼ 倒入橙汁及君度酒，搅拌均匀。

❽ 加入泡软的吉利丁片，需挤干水分，搅拌均匀。

❾ 分三次加入已打发的淡奶油，搅拌均匀，制成慕斯液。

⑩ 在直径约为 15 厘米的圆形慕斯模具底部裹上保鲜膜。倒入一层慕斯液，放一层蛋糕体。

⑪ 铺平后再倒一层慕斯液，再铺上一层蛋糕体即可。放入冰箱冷藏凝固。

⑫ 凝固后从冰箱取出，撕下保鲜膜，用喷火枪在慕斯模具四周加热，脱模。加以奶油和鲜果装饰即可。

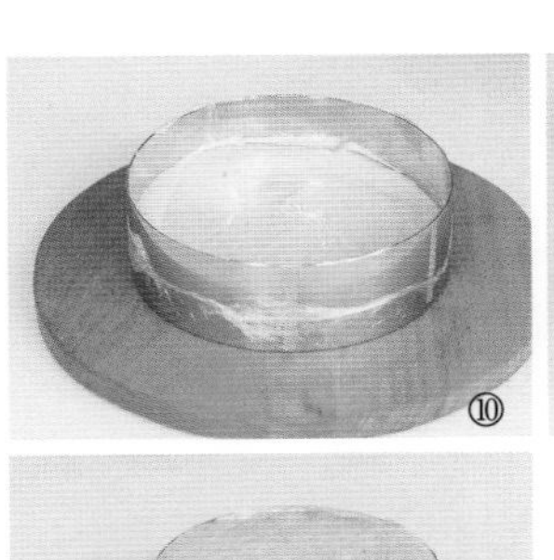
⑩

⑪

⑫

TIPS

（1）橙汁可随个人口味选择浓缩橙汁或日常饮用的橙汁。

（2）如果家中没有喷火枪，可用毛巾浸透热水，紧贴围在模具四周，重复几次，至可成功脱模为止。

巧克力曲奇芝士慕斯

饼底

奶香曲奇饼干……95 克
无盐黄油……50 克

巧克力曲奇芝士

吉利丁片……8 克
鲜奶……85 克
奶油奶酪……130 克
砂糖……25 克
淡奶油……350 克
朱古力酒……15 克
奥利奥饼干碎……80 克

冷藏 4 小时或以上 6 人份

1. 18 厘米圆形慕斯模具锡纸包好，备用。
2. 奶香曲奇饼干捣碎，与无盐黄油拌匀。
3. 倒入圆形模具中，抹平，压实，置于一旁待用。
4. 吉利丁片放入水中泡软，待用。
5. 鲜奶倒入锅中煮开，将吉利丁片挤干水分加入其中，拌匀，保温，备用。
6. 奶油奶酪及砂糖用手动打蛋器搅打均匀至松软。
7. 倒入朱古力酒，搅拌至完全融合。
8. 将鲜奶和吉利丁片混合物倒入，搅拌均匀。
9. 淡奶油放入新的搅拌盆，快速打发至可提起鹰钩状，留出小部分作装饰用。

⑩ 将打发的淡奶油加入至步骤❼的混合物中，搅拌均匀。

⑪ 加入奥利奥饼干碎，用塑料刮刀搅拌均匀，制成曲奇芝士。

⑫ 将曲奇芝士倒入慕斯模中，抹平，放进冰箱冷藏至凝固。

⑬ 取出凝固的慕斯蛋糕，用热毛巾敷在模具四周，脱模。

⑭ 取两片奥利奥饼干，每片平均切成四份。

⑮ 将蛋糕平均分成八小块，挤上奶油，放上奥利奥曲奇装饰即可。

TIPS

若没有曲奇饼干，也可用普通的奥利奥饼干代替，将奥利奥饼干夹心除去，饼干片碾碎，加入无盐黄油，搅拌均匀，压成饼干底。

Sweet Time

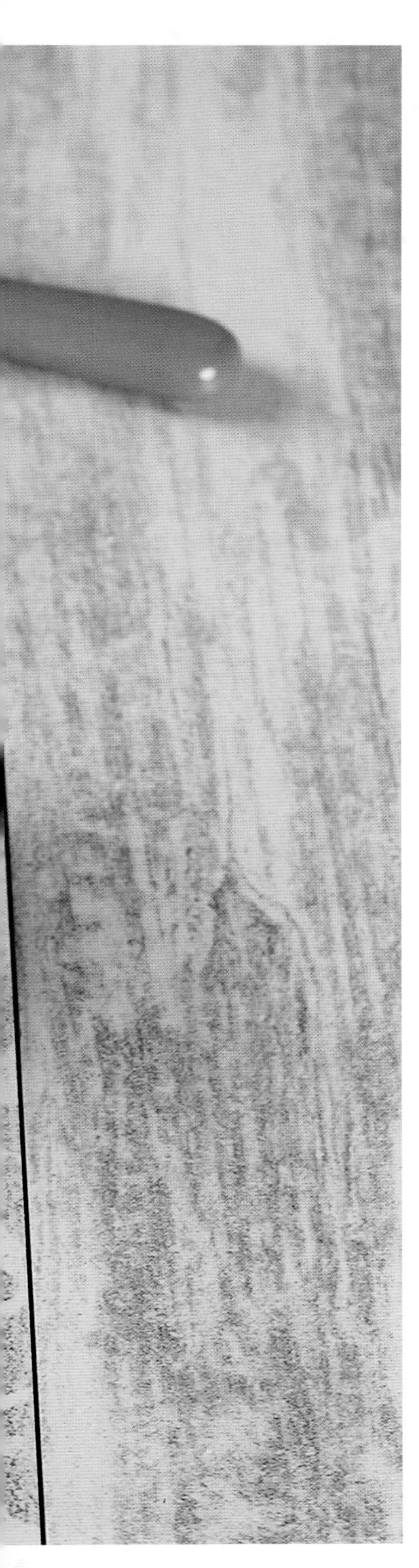

小熊提拉米苏

蛋糕体材料

嫩豆腐……100 克

淡奶油……50 克

砂糖……35 克

手指饼干……2 根

鸡蛋……1 个

热水……1 勺

速溶咖啡粉……3 克

装饰材料

防潮可可粉……适量

黑巧克力……适量

白巧克力……适量

入炉巧克力……6 颗

纽扣巧克力……6 颗

冷藏 4 小时或以上　3 人份

1. 嫩豆腐表面铺上纸巾，压上重物，使豆腐的水分释出，捏碎豆腐，用打蛋器打成稠状。
2. 淡奶油放入搅拌盆，加入砂糖，用电动打蛋器打发至呈鹰钩状。
3. 打发的淡奶油加入到碎豆腐中，搅拌均匀。
4. 打入一个鸡蛋，搅拌均匀，制成蛋糕糊。
5. 将搅拌好的蛋糕糊装入裱花袋。
6. 速溶咖啡粉用热水溶化。
7. 将手指饼干剪成适当大小。
8. 放入速溶咖啡液中浸润 2 秒，拿出。
9. 将裱花袋中蛋糕糊挤入杯子蛋糕纸杯底部。

⑩ 放上沾了咖啡液的手指饼干。

⑪ 再挤上一层蛋糕糊。

⑫ 在表面筛上防潮可可粉。

⑬ 以纽扣巧克力作为耳朵，入炉巧克力作为眼睛，隔水加热黑巧克力、白巧克力，分别装入裱花袋，画出小熊的嘴巴、鼻子即可。

TIPS

若家中没有防潮可可粉，可先在蛋糕表面撒上防潮糖粉，再撒普通可可粉，不可直接撒普通可可粉，那会使蛋糕表面潮湿，影响口感和美观。

Part 4. 蛋糕卷

小小蛋糕卷也能花样百出，

卷出不同新滋味。

清新的草莓、可可味的长颈鹿、抹茶味的毛巾卷……

发挥你的创意，展现你的想象力，

简单的方法就可以做出你想要的可爱造型。

双色毛巾卷

蛋糕体材料

蛋白……7 个
砂糖……200 克
塔塔粉……3 克
盐……1 克
柠檬汁……2 克
蛋黄……3 个
植物油……120 克
鲜奶……140 克
粟粉……50 克
低筋面粉……175 克
香草精……3 滴
泡打粉……3 克
抹茶粉……3 克
已打发的淡奶油……100 克

上火 170℃、下火 160℃  16 分钟 4 人份

1. 植物油与鲜奶倒入搅拌盆，搅拌均匀。
2. 分三次倒入砂糖 150 克，搅拌均匀。
3. 倒入低筋面粉、粟粉及泡打粉，继续搅拌至无粉末状。
4. 加入香草精，用手动打蛋器搅拌均匀。
5. 倒入蛋黄，继续搅打均匀。
6. 将搅拌好的面糊平均分成两份。
7. 其中一份加入抹茶粉，搅拌均匀。
8. 取一新的搅拌盆，倒入蛋白、盐、塔塔粉、柠檬汁及砂糖 50 克，用电动打蛋器快速打发，制成蛋白霜。
9. 将打发好的蛋白霜分别加入到原味面糊及抹茶面糊中，搅拌均匀。

⑩ 分别装入裱花袋中，拧紧裱花袋口。

⑪ 挤入正方形蛋糕烤盘，抹茶面糊和原味面糊要间隔挤入。

⑫ 烤箱以上火 170℃、下火 160℃预热，将蛋糕放入烤箱，烤约 16 分钟即可。

⑬ 烤好后取出蛋糕体，放在散热架上待其冷却，撕下油纸。

⑭ 将油纸垫在蛋糕体下面，在蛋糕体上面均匀抹上已打发的奶油。

⑮ 利用擀面杖将蛋糕体卷起即可。

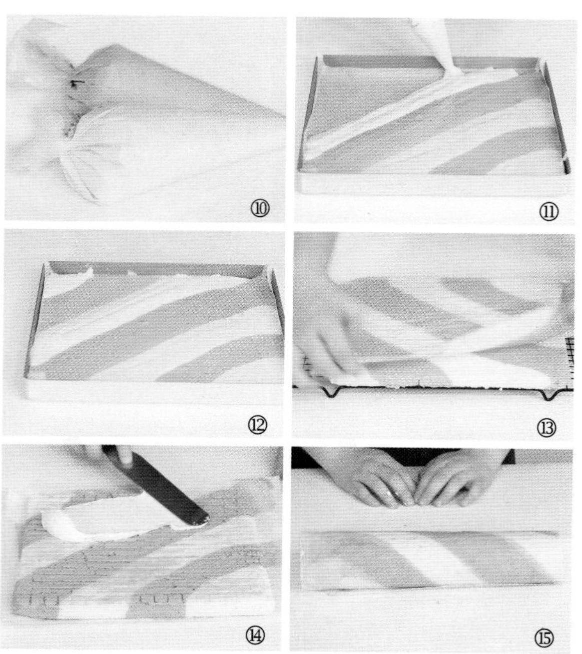

TIPS

第六步时必须将面糊分成两部分，否则无法做出双色条纹哦。涂抹奶油时注意不要过量，否则可能使蛋糕卷难以顺利卷起。

长颈鹿蛋糕卷

蛋糕体材料

植物油……20 克

蛋黄……3 个

砂糖……52 克

鲜奶……45 克

低筋面粉……40 克

粟粉……15 克

可可粉……15 克

蛋白……4 个

淡奶油……100 克

糖粉……10 克

上火 170℃、下火 170℃ 14 分钟 4 人份

1. 将植物油和鲜奶倒入搅拌盆，用手动打蛋器搅拌均匀。
2. 倒入砂糖 12 克，继续搅拌均匀。
3. 筛入低筋面粉及粟粉，搅拌均匀后倒入蛋黄，搅打均匀，分出 1/3 装入另一搅拌盆，作为原味面糊。
4. 剩下三分之二面糊加入可可粉，搅拌均匀，制成可可面糊。
5. 取另一干净的搅拌盆，倒入蛋白及砂糖 40 克，用电动打蛋器快速打发，至可提起鹰钩状。分别加入到可可面糊和原味面糊中，搅拌均匀。
6. 原味面糊装入裱花袋，拧紧裱花袋口。
7. 烤盘内垫上油纸，用裱花袋中的原味面糊画出长颈鹿的纹路。
8. 烤箱以上火 170℃、下火 170℃预热，将长颈鹿纹路放入烤箱，烘烤 2 分钟。
9. 取出，在表面倒入可可面糊，抹平。

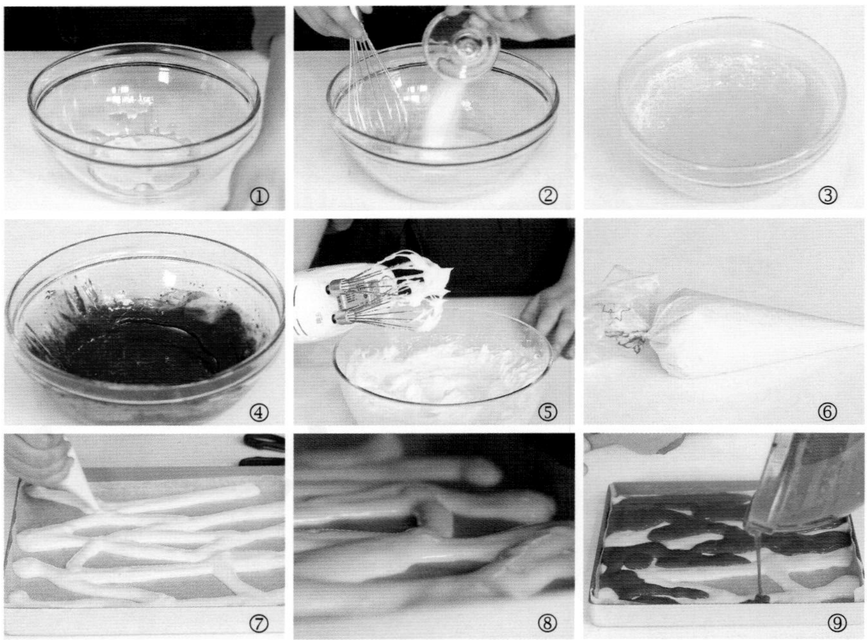

⑩ 再次放入烤箱，烤约 12 分钟。

⑪ 在新的搅拌盆中倒入淡奶油及糖粉。

⑫ 用电动打蛋器快速打发至可提起鹰钩状，备用。

⑬ 将烤好的蛋糕体取出，撕去油纸，待其冷却。

⑭ 将油纸垫在蛋糕体底下，将打发好的奶油抹在没有斑纹的那一面。

⑮ 奶油抹匀后利用擀面杖将蛋糕体卷起即可。

TIPS

（1）蛋糕体出炉后要趁热将油纸撕掉，否则冷却后，蛋糕表面水分流失，会难以撕下。

（2）卷蛋糕体时不可过于用力，否则可能将蛋糕体压裂。

草莓香草蛋糕卷

蛋糕体材料

无盐黄油……25 克
鸡蛋……1 个
清水……25 克
盐……2 克
低筋面粉……58 克
泡打粉……2 克
粟粉……8 克
砂糖……50 克
香草精……2 滴
甜奶油……150 克
新鲜草莓……2 颗
薄荷叶……适量

上火 170℃、下火 160℃ 20 分钟 3 人份

1. 鸡蛋打入搅拌盆中。
2. 倒入砂糖、清水及盐，用电动打蛋器搅拌均匀。
3. 筛入低筋面粉、泡打粉及粟粉，搅拌均匀。
4. 无盐黄油放入隔水加热锅中隔水熔化。
5. 将热熔的无盐黄油倒入步骤 3 的混合物中，搅拌均匀。
6. 加入两滴香草精，继续搅拌均匀。
7. 在方形烤盘中铺上油纸，将拌好的面糊倒入模具中。烤箱以上火 170℃、下火 160℃预热，蛋糕放入烤箱中层，烤约 20 分钟，至蛋糕上色。出炉后反转，待其冷却。
8. 甜奶油放入搅拌盆，用电动打蛋器快速打发。
9. 将打发好的甜奶油均匀抹在蛋糕上表面。

⑩ 借助擀面杖将蛋糕卷起，呈圆柱状。
⑪ 切去两端不平整处，将蛋糕卷平均分成三份。
⑫ 以“Z”字形在表面挤上打发的奶油。
⑬ 再装饰上新鲜草莓粒和薄荷叶即可。

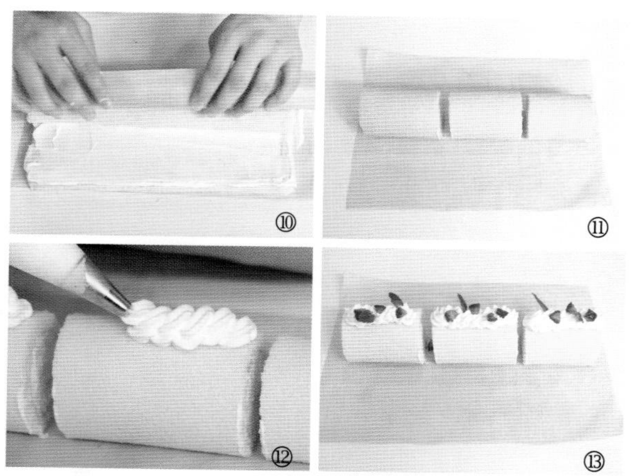

TIPS

（1）喜欢水果的朋友也可以在抹奶油时均匀摆放上水果再卷起，美观又富有果香哦。
（2）蛋糕表面的装饰奶油尽量挤在蛋糕体中间，否则水果容易掉落。

花样可爱蛋糕

无需拘泥于蛋糕品类，

也不用费尽心思摆造型。

布朗尼、雷明顿、玛德琳、心太软……

简简单单，也能做出可爱造型哦！

猫爪小蛋糕

蛋糕体材料

鸡蛋……4 个

细砂糖……90 克

低筋面粉……140 克

泡打粉……4 克

可可粉……5 克

无盐黄油……70 克

做法

上火 160℃、下火 160℃　20 分钟　7 人份

1. 无盐黄油隔水熔化，放置一旁待用。
2. 在搅拌盆中倒入鸡蛋。
3. 分三次边搅拌边加入细砂糖，搅拌至无颗粒状。
4. 倒入过筛的低筋面粉。
5. 加入泡打粉。
6. 倒入可可粉，搅拌均匀，呈棕色面糊状。
7. 倒入熔化的无盐黄油，搅拌均匀，使面糊呈现光滑状态。
8. 用保鲜膜封起来，静置半小时，可使口感更细腻。
9. 揭开保鲜膜，将面糊装入裱花袋中。

⑩ 将面糊垂直挤入猫爪蛋糕模具中至八分满。

⑪ 烤箱以上火 160℃、下火 160℃预热，将蛋糕放入烤箱中层，烤约 20 分钟。

⑫ 蛋糕取出后待其冷却，用手即可脱模。

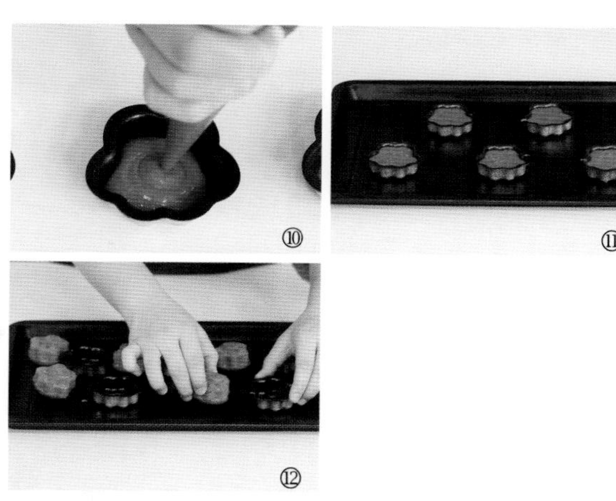

TIPS

(1) 将面糊注入蛋糕模之前记得要在模具内层刷一层无盐黄油哦，脱模的时候蛋糕就可以轻易脱出，不会粘连啦。

(2) 注意每次倒入材料后不要过度搅拌，否则会起筋。

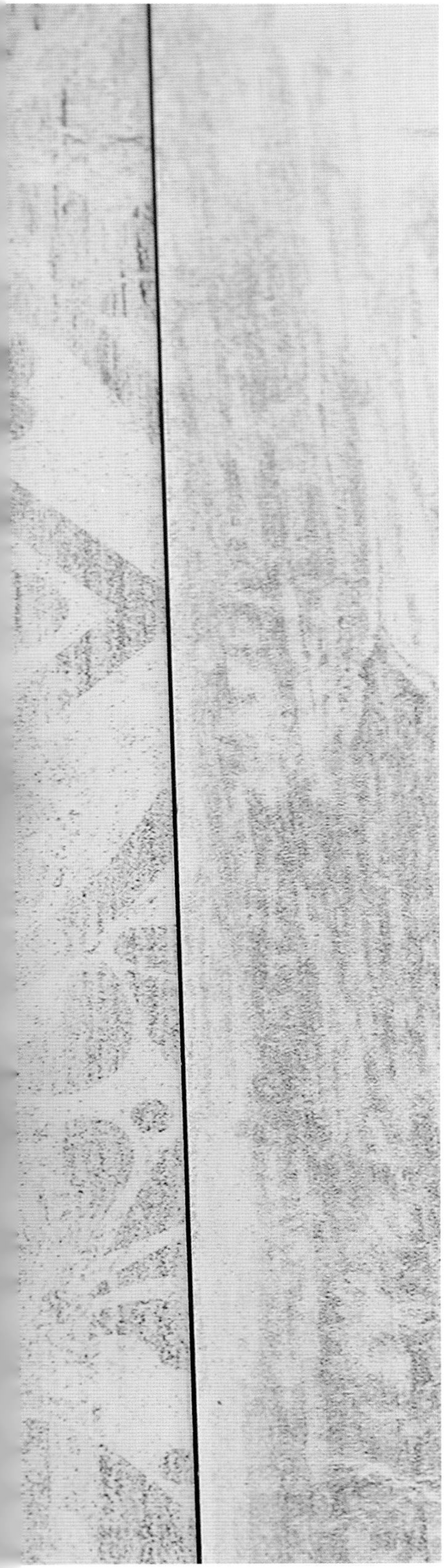

棉花糖布朗尼

蛋糕体材料

巧克力……150 克

无盐黄油……150 克

细砂糖……65 克

鸡蛋……3 个

低筋面粉……100 克

香草精……适量

棉花糖……70 克

核桃仁……50 克

上火 160℃、下火 160℃ 20 分钟 9 人份

1. 无盐黄油和巧克力倒入搅拌盆中，隔水熔化。
2. 搅拌均匀，倒入小玻璃碗中，待用。
3. 取一新的搅拌盆，倒入鸡蛋。
4. 分三次边搅拌边倒入细砂糖。
5. 倒入香草精，搅拌均匀。
6. 倒入熔化的无盐黄油和巧克力，搅拌均匀。
7. 筛入低筋面粉，搅拌至无颗粒状，制成巧克力色蛋糕糊。
8. 倒入核桃仁，搅拌均匀。
9. 倒入 15 厘米 ×15 厘米活底方形蛋糕模。

⑩ 在上面均匀摆放上棉花糖。

⑪ 烤箱以上火 160℃、下火 160℃预热，蛋糕放入烤箱，烤约 20 分钟。

⑫ 取出后，在桌面震荡几下，待凉后用抹刀分离蛋糕体四周与模具粘连部分，脱模。

⑬ 用刀将蛋糕平均切分成三份，摆盘。

TIPS

（1）巧克力可切碎后再倒入搅拌盆中隔水熔化，可加大接触面积，加速熔化，节约时间。

（2）若不想将棉花糖烤太焦，可先将蛋糕体烘烤 15 分钟，再放入棉花糖继续烘烤。

柠檬雷明顿

蛋糕体材料

鸡蛋……125 克
柠檬汁……15 克
砂糖……75 克
盐……2 克
低筋面粉……65 克
泡打粉……2 克
炼奶……12 克
无盐黄油……25 克
吉利丁片……4 克
饮用水……130 克
黄色色素……2 滴
椰蓉……适量

上火 180℃、下火 160℃转上火 150℃、下火 150℃ 18 分钟 8 人份

1. 将鸡蛋、柠檬汁、盐放入搅拌盆，用电动打蛋器搅拌均匀。
2. 分三次边搅拌边加入砂糖 55 克。
3. 无盐黄油、炼奶和饮用水 10 克隔水加热煮溶，搅拌均匀。
4. 混合均匀后，倒入步骤 2 混合物中，搅拌均匀。
5. 筛入低筋面粉及泡打粉，用塑料刮刀搅拌均匀，制成蛋糕糊。
6. 将蛋糕糊倒入方形活底戚风模具，抹平。
7. 烤箱以上火 180℃、下火 160℃预热，放入烤箱中层，烤约 10 分钟，至蛋糕上色，将温度调至上、下火 150℃，烤约 8 分钟。
8. 取出后，待其冷却，脱模，切去边缘部分，再切成小方块状，待用。
9. 吉利丁片放入 120 克温热的饮用水中泡软，搅拌至溶化。

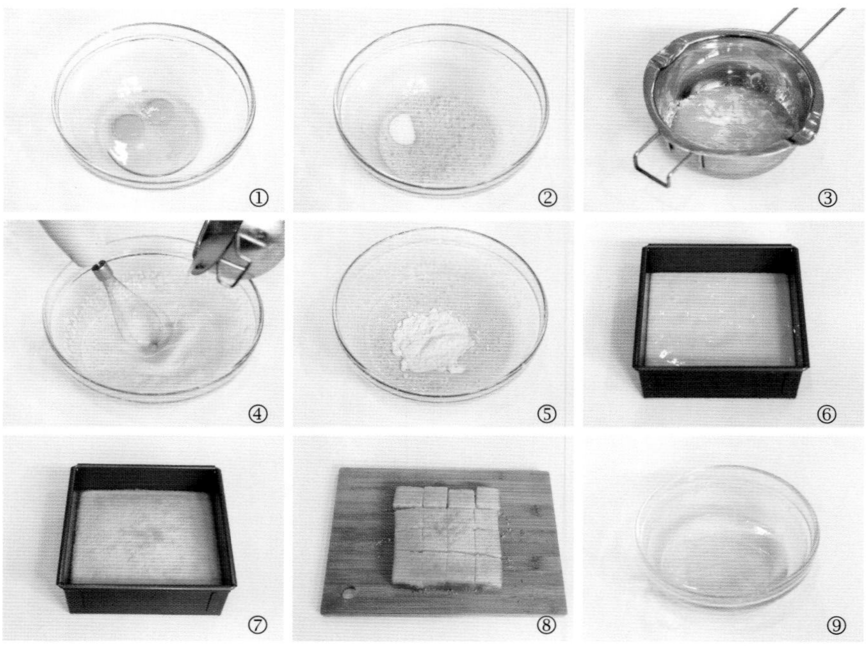

⑩ 加入砂糖 20 克及黄色色素搅拌均匀。

⑪ 将切好的蛋糕方块均匀沾取步骤 ⑩ 中混合物。

⑫ 放入椰蓉中，表面均匀裹上椰蓉即可。

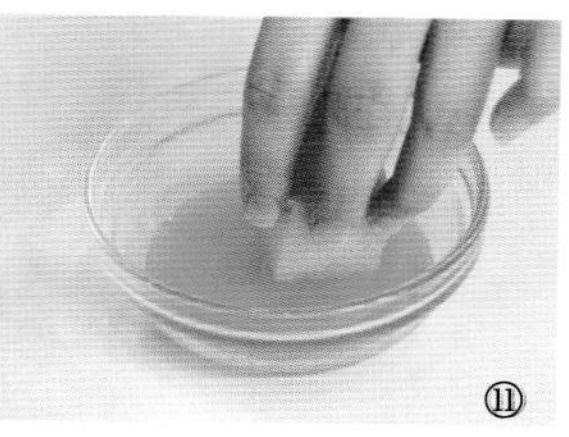

TIPS

此款蛋糕还可以搭配巧克力食用哦，蛋糕体烤好后，沾取煮熔的巧克力酱，裹上椰丝，放入冰箱冷藏半天即可食用，别有一番风味哦。

贝壳玛德琳

蛋糕体材料

无盐黄油……100 克

低筋面粉……100 克

泡打粉……3 克

鸡蛋……2 个

细砂糖……60 克

柠檬皮……1 颗

上火 170℃、下火 160℃ 16 分钟 6 人份

1. 在搅拌盆内打入鸡蛋。
2. 加入细砂糖，用电动打蛋器搅拌均匀。
3. 加入室温软化的无盐黄油，搅打均匀。
4. 削取一个柠檬的柠檬皮（注意不要削太厚），将柠檬皮切成末状，倒入搅拌盆。
5. 筛入低筋面粉和泡打粉，搅拌至无颗粒面糊状。
6. 在玛德琳模具表面刷上一层无盐黄油。
7. 用裱花袋将面糊垂直挤入玛德琳模具中。
8. 烤箱以上火 170℃、下火 160℃预热，蛋糕放入烤箱中层，烤 10 分钟，将烤盘转向，再烤约 6 分钟即可。

Merry
Christm

蛋糕球棒棒糖

蛋糕体材料

植物油……18 克

蛋黄……3 个

砂糖……12 克

鲜奶……30 克

低筋面粉……54 克

奶油奶酪……36 克

蛋白霜

蛋白……3 个

细砂糖……30 克

装饰

黑巧克力……适量

花生碎……适量

彩色糖果……适量

棒棒糖棍子……若干

1. 在搅拌盆中倒入鲜奶、植物油及砂糖，用电动打蛋器搅拌均匀。
2. 筛入低筋面粉，继续搅拌均匀。
3. 加入三个蛋黄，搅打均匀，呈金黄色。
4. 取一新的搅拌盆，倒入三个蛋白。
5. 倒入细砂糖，用电动打蛋器快速打发至发白，可提起鹰钩状即可，制成蛋白霜。
6. 将三分之一蛋白霜加入到步骤 3 的混合物中，搅拌均匀。
7. 搅拌均匀后，将混合物倒入到剩余的蛋白霜中，搅拌均匀，呈淡黄色面糊状。
8. 将面糊倒入方形烤盘中，抹平，敲击以释放多余空气。
9. 烤箱以上火 160℃、下火 160℃预热，蛋糕放入烤箱、烤约 15 分钟。

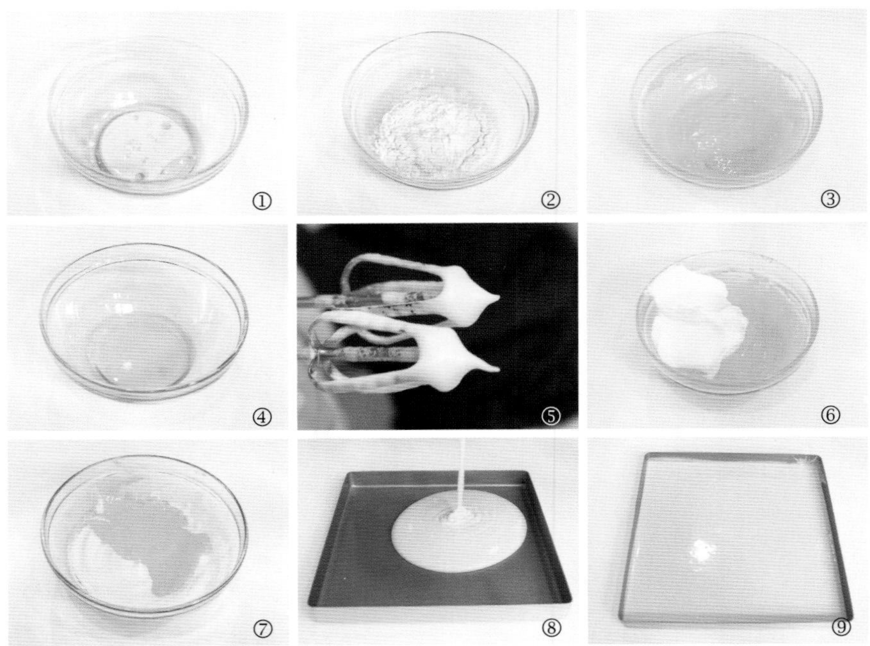

⑩ 取出烤好的蛋糕体，脱模，捏碎。
⑪ 放入奶油奶酪，揉捏均匀呈面团状。
⑫ 分成每个 25 克蛋糕球，插上棒棒糖棍子，放入冰箱冷藏定型。
⑬ 黑巧克力隔水加热煮熔成巧克力酱。
⑭ 将蛋糕球取出，放入巧克力酱中让表面均匀沾取巧克力。再分别撒上花生碎、彩色糖果即可。

TIPS

将蛋糕体碎捏成圆球状时，需稍用力捏紧，否则在插入棒棒糖棍子时容易散开。将蛋糕体撕小块一些也有助于蛋糕球成团。

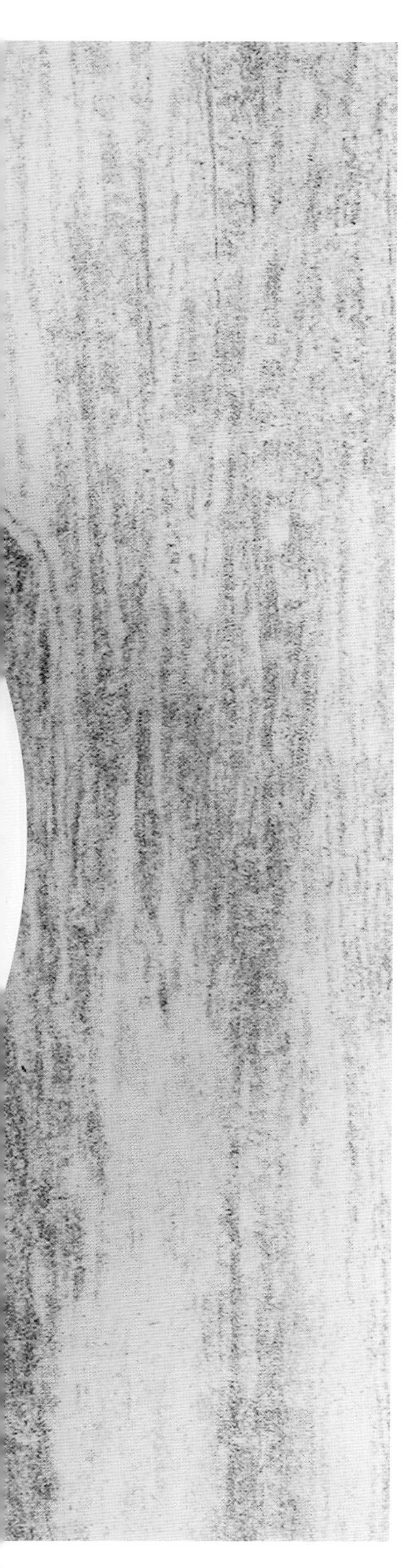

巧克力心太软

巧克力软心

64% 黑巧克力……60 克

无盐黄油……20 克

淡奶油……30 克

鲜奶……40 克

朗姆酒……5 克

蛋糕

64% 黑巧克力……90 克

无盐黄油……85 克

白砂糖……20 克

鸡蛋……1 个

低筋面粉……70 克

泡打粉……2 克

上火 160℃、下火 160℃ 16 分钟 6 人份

1. 黑巧克力 60 克隔水加热至熔化，倒入室温软化的无盐黄油。
2. 搅拌均匀至两者完全融合。
3. 倒入鲜奶，用手动打蛋器搅拌均匀。
4. 加入淡奶油继续搅拌至融合。
5. 倒入朗姆酒，搅拌均匀，制成巧克力软心，装入裱花袋中，待用。
6. 取一个新的搅拌盆，倒入低筋面粉、泡打粉和白砂糖，混合均匀。
7. 倒入室温软化的无盐黄油，搅拌均匀。
8. 打入一个鸡蛋，搅打均匀，呈淡黄色面糊状。
9. 倒入隔水加热熔化的黑巧克力酱 90 克，继续搅拌成巧克力蛋糕糊，装入裱花袋中。

⑩ 先将巧克力蛋糕糊挤在蛋糕模具的底部和四周，中间空出。

⑪ 在蛋糕中间挤上巧克力软心。

⑫ 再挤上巧克力蛋糕糊封口，烤箱以上火 160℃、下火 160℃预热，蛋糕放入烤箱下层，烘烤约 16 分钟，出炉后在蛋糕表面撒上糖粉装饰即可。

TIPS

（1）巧克力软心不可注入太多，包裹边缘的蛋糕体可挤厚一些，防止爆浆。

（2）蛋糕烤好后最好放置 30 秒再脱模，否则容易裂开。趁热吃才能体验到满满的巧克力酱流出的效果哦。

CAUTION
Wild Animals

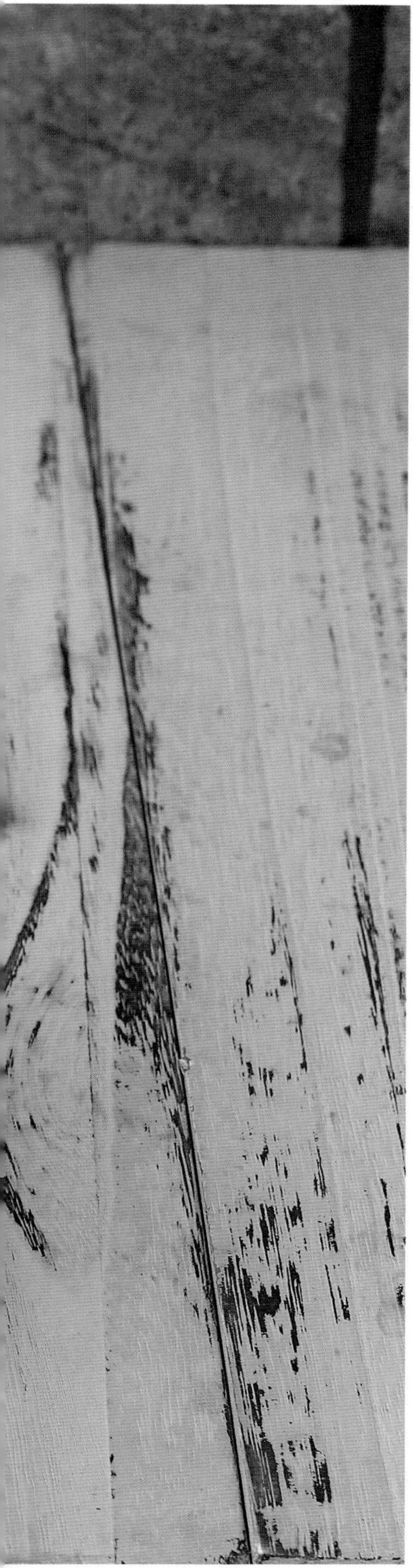

动物园小蛋糕

蛋糕体材料

蛋白……2 个

塔塔粉……1 克

盐……1 克

砂糖……50 克

蛋黄……2 个

色拉油……30 克

水……35 克

粟粉……7 克

低筋面粉……36 克

泡打粉……2 克

香草精……适量

淡奶油……200 克

糖粉……10 克

上火 170℃、下火 150℃ 25 分钟 6 人份

1. 将水和色拉油倒入搅拌盆中，搅拌均匀。
2. 筛入粟粉、低筋面粉、泡打粉，搅拌均匀。
3. 倒入蛋黄，搅拌均匀。
4. 倒入香草精，搅拌均匀，呈淡黄色面糊状。
5. 取一个新的搅拌盆，倒入蛋白、塔塔粉及盐，搅拌均匀。
6. 分三次加入砂糖，边倒入边用电动打蛋器搅拌至可提起鹰钩状，制成蛋白霜。
7. 搅拌均匀后，取三分之一蛋白霜加入到淡黄色面糊中，搅拌均匀。
8. 拌好后，再倒入到剩余的蛋白霜中，搅拌均匀。
9. 将拌好的面糊倒入直径约为 15 厘米的活底戚风蛋糕模中。

⑩ 烤箱以上火 170℃、下火 150℃预热，蛋糕放入烤箱，烤约 25 分钟。

⑪ 淡奶油加糖粉用电动打蛋器快速打发至可提起鹰钩状。

⑫ 将奶油抹匀在已冷却的蛋糕体表面，取少量奶油装入裱花袋，在蛋糕上表面挤出一个圆圈。

⑬ 最后装点上新鲜水果，插上动物小旗即可。

TIPS

（1）将蛋糕糊倒入模具时盆需距离模具 30 厘米左右。

（2）烤好的蛋糕可以从中间分层 2 或 3 片，在中间抹上奶油和新鲜水果，可以使口感更丰富。